Sonderdruck aus Automobiltechnisches Handbuch. 16. Auflage.

Kraftfahrt-Mechanik

Von Obering. A. Jante, VDI-ATG, Köln

Inhaltsverzeichnis

I. Teil

Kraftfahrtmechanik (Obering. A. Jante) 1
1. Kraftfahrzeug und Kraftverkehr 1
2. Fahrwiderstandsleistungen und allgemeine Mechanik 2
   A. Fahrleistungsgleichung 2
   B. Effektive Motorleistung 2
   C. Getriebewiderstandsleistung 3
   D. Rollwiderstandsleistung 3
   E. Luftwiderstandsleistung 4
   F. Steigungsleistung 6
   G. Beispiel für die Fahrwiderstandsleistungen 6
   H. Beschleunigungsleistung 7
   J. Allgemeine Beziehungen 8
   K. Anhänger-Zugleistung 9
3. Ermittlung der Schwerpunktslage 9
4. Der Kraftschluß mit der Fahrbahn 10
   A. Der Kraftschlußbeiwert 10
   B. Der Achsdruck 13
   C. Die Antriebsgrenzen 14
   D. Die Steigungsgrenzen 15
   E. Die Bremsgrenzen 15
   F. Der Einfluß der Anhängerzug- oder Druckkraft und ihrer Richtung auf den Achsdruck 17
5. Achsdruck- und Umfangskraftverteilung 19
   A. Allgemein 19
   B. Drehmomentenverteiler für Vierradantrieb 20
   C. Bremsregler für Vierradbremsen 21
6. Die sogenannte Schrecksekunde und die praktischen Bremswege . . . 22
7. Bremswärme 24
8. Überholungswege 25
9. Kolonnenfahrt 26
10. Rutsch- und Kippgrenzen in der Kurve 28
11. Wirkung der Lage von Antrieb, Bremsen und Lenkung 29
12. Die mechanischen Beanspruchungen des Triebwerkes 32
13. Anfahrvorgang 33
   A. Normal-Anfahrvorgang 33
   B. Energieverteilung 37
   C. Beschleunigungsgrenze 40
      a) Sonderkupplung 41
      b) Grundstufe 42
      c) Idealer Anfahrvorgang 43
   E. Einfluß von Gangzahl und Schaltpause 43
14. Mechanik der Ausgleichgetriebe (Differentiale) 43
   A. Das normale Ausgleichgetriebe. 43
   B. Das normale Schneckenrad-Ausgleichgetriebe 47
   C. Drehmomenten-Betriebsdiagramme 49
   D. Das allgemeine Ausgleichgetriebe (Drehmomentenverteiler) 51
   E. Das Ausgleichgetriebe beim Gespann mit Seitenwagenradantrieb . 53
   F. Das normale Ausgleichgetriebe für Drehmomentenverteilung . . . 53

15. Einfache Kontrollmessungen 53
A. Fahrgeschwindigkeit 53
B. Motorleistung 54
16. Einfluß des Zustandes der Ansaugluft auf die Motorleistung 54
17. Kraftstoffnormverbrauch 55
18. Kennliniendarstellung für Fahrzeugmotoren 55
19. Kennliniendarstellung für Kraftfahrzeuge 58
A. Allgemein 58
B. Die gleichförmigen Fahrzustände 59
C. Die ungleichförmigen Fahrzustände 61
D. Vereinfachtes Auswertungsverfahren 64
20. Getriebeübersetzungsverhältnisse 66
A. Getriebeübersetzungen und stetiger Verlauf der Zugkräfte 66
a) Anforderungen und Wertung 66
b) Planung 69
c) Beispiel 72
B. Getriebeübersetzungen und kleinster Kraftstoffverbrauch 75
a) Bedingungen für das stufenlose Getriebe. 75
b) Bedingungen für das Stufengetriebe. Motorencharakteristik und Schaltgrenzen 77
C. Getriebeübersetzungen und größte Beschleunigung 81
a) Die Übersetzung für größte Beschleunigung im 1. G ng . . . 81
b) Die Übersetzung für größte Beschleunigung im Zwischengang beim Anfahren 82
c) Beispiel 82
21. Schrifttumsverzeichnis 83

1. Kraftfahrzeug und Kraftverkehr. [1] [1])

Die Eigenschaften und Möglichkeiten eines Kraftfahrzeuges als Kraftverkehrsmittel müssen in bezug auf die Auswirkung auf den Kraftverkehr bzw dessen Leistungsfähigkeit beurteilt werden. Dabei ist unter Leistungsfähigkeit des Kraftverkehrs die jeweils größ mögliche Häufigkeit der Erfüllung von Verkehrsbedürfnissen zu verstehen. Während es für den Einzelnen darauf ankommt, seine Transporte mit geringstem eigenem wirtschaftlichem Aufwand durchzuführen, d. h. die Summe von Betriebs- und Zeitkosten [2] des Kraftfahrzeugs möglichst klein zu halten, ist die gesamte Volkswirtschaft daran interessiert, ihre berechtigten Verkehrsbedürfnisse mit insgesamt geringstem Aufwand zu befriedigen, wobei dann u. a. auch die Bewirtschaftung der Verkehrswege mit zu berücksichtigen ist. Dazu muß das Zusammenwirken der vier, den Kraftverkehr bedingenden Faktoren erkannt und berücksichtigt werden; es sind dies

1. Fahrzeug.
2. Fahrbahn.
3. Fahrer.
4. Fahrordnung.

Als Maß für die Verkehrsleistung dient die Zahl der Kraftwagen, die eine Straßenstelle während einer Stunde durchfährt oder durchfahren könnte, und zwar auf die einzelne Fahrspur bezogen. Dabei ist es ohne weiteres klar, daß ein „entmischter", also ein Verkehr von gleichartigen Fahrzeugen (Fahrordnung!) die größten Werte ergibt. Es ist dies die Fahrzeugkolonne (vgl. S. 26), die damit zur Grundlage von Leistungsfähigkeitsbetrachtungen des Kraftverkehrs wird. Die Verkehrsleistung N in Wagen je Stunde und je Fahrspur ergibt sich dann aus der Fahrgeschwindigkeit V in km/h und dem Abstand A in m (vgl. Bild 1) von zwei aufeinander folgenden Wagen zu

$$(1) \qquad N = 1000 \cdot \frac{V}{A}$$

sus Bild 1 ergibt sich die Zuammensetzug von

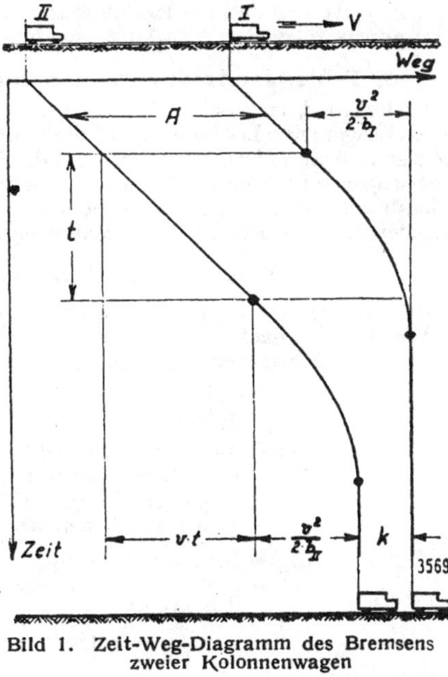

Bild 1. Zeit-Weg-Diagramm des Bremsens zweier Kolonnenwagen

[1]) Die Zahlen in eckigen Klammern [ ] verweisen auf das Schrifttumsverzeichnis S. 83/86.

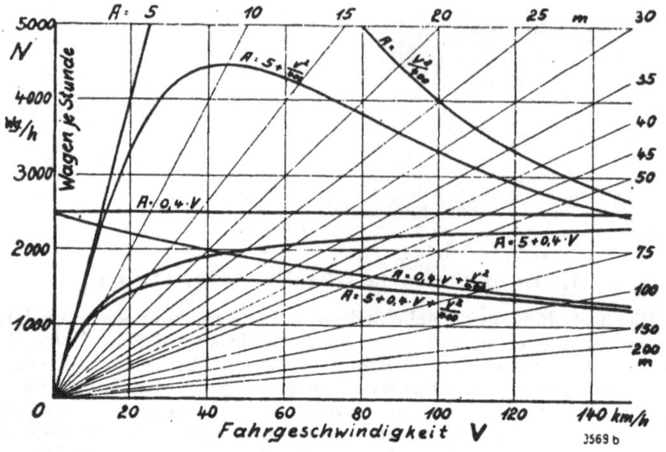

Bild 2. Kurven der Fahrleistungsfähigkeiten N für verschiedene Funktionen des Kolonnenabstandes A

$$A = k + t \cdot v + \left(\frac{1}{b_2} - \frac{1}{b_1}\right) \cdot \frac{v^2}{2} \cdot \qquad (2)$$

(Darin ist v in m/sek und $3{,}6 \cdot v = V$ in km/h.)
Demnach summiert sich A aus einem konstanten, einem mit V und einem mit V^2 ansteigenden Teil. Je nach dem Einfluß dieser einzelnen Summanden ergeben sich verschiedene Funktionen für die Fahrleistungsfähigkeit, vgl. Bild 2. Um hier die jeweils zweckentsprechende Auswahl treffen zu können, bedarf es der Berücksichtigung aller einzelnen Einflüsse, zu deren Klärung die folgenden Abschnitte auch mit beitragen sollen [3—12].

2. Fahrwiderstandsleistungen und allgemeine Mechanik.

A. Fahrleistungsgleichung. Für die Fortbewegung von Fahrzeugen gilt die allgemeine Bedingung, daß die Triebkräfte mit den Fahrwiderstandskräften und den Massenkräften im Gleichgewicht sein müssen. Für den Kraftwagen gilt: Motorleistung = Getriebewiderstandsleistung + Rollwiderstandsleistung der Laufräder + Luftwiderstandsleistung + Steigungsleistung + Beschleunigungsleistung, oder

$$N_e = N_G + N_R + N_L + N_S + N_B \quad \text{PS} \qquad (3)$$

B. Im einzelnen ist darin die effektive Motorleistung an der Kupplung im Wagen, also nach Überwindung der Hilfsmaschinenleistungen (Pumpe, Ventilator, Lichtmaschine, Kompressor und dgl.)

$$N_e = \frac{p_e \cdot V_H \cdot n}{225 \cdot T} = \frac{\pi \cdot M_D \cdot n}{2250} = \frac{P \cdot v}{75} = \frac{P \cdot V}{270} \ \text{PS} \qquad (4)$$

darin bedeuten: p_e = effektiver Zylindermitteldruck kg/cm²,
V_H = Hubvolumen dm^3 (Liter),
n = Motordrehzahl, Min^{-1},
T = Taktzahl = Anzahl der Hübe je Arbeitsspiel, für Viertakt $T = 4$ und für Zweitakt $T = 2$,
M_D = Drehmoment $m \cdot$ kg,
P = Umfangskraft — oder allgemein — Kraft in Bewegungsrichtung kg,
v = Fahrgeschwindigkeit in m/sek,
V = Fahrgeschwindigkeit in km/h,
$V = 3{,}6 \cdot v$.

C. Die Getriebewiderstandsleistung ist

$$N_G = (1 - \eta_g)\frac{n}{n_0} \cdot N_0 \qquad (5)$$

darin bedeuten: η_g = Getriebewirkungsgrad für das ganze Triebwerk, von der Kupplung über Getriebe, Kardan, Differential bis zu den Triebachsen, und zwar für n_0 und N_0 = Motordrehzahl und Leistung, für die η_g bestimmt wurde. Meist ist dabei $N_0 = N_{max}$ oder $p_{e0} = p_{emax}$, d. h. die Feststellung des Wirkungsgrades geschieht i. a. bei höchster Leistung, oder höchstem Drehmoment, wobei allerdings die zugehörige Drehzahl nicht die Höchstdrehzahl zu sein braucht.

Hier ist also näherungsweise der Getriebewiderstand unabhängig von Drehzahl und Belastung als konstante Widerstandskraft eingesetzt. Für η_g kann normalerweise 0,9 angenommen werden. Für genauere Untersuchungen ist zu berücksichtigen, daß sich die Triebwerksverluste aus Lagerreibung, Zahnreibung und den Verlusten aus Luft und Ölbewegung innerhalb der Getriebe (Quetschölverdrängung, sowie Tauch- oder Umlaufschmierung) zusammensetzen, wodurch auch noch ein Einfluß des Schmiermittels, seiner Viscosität und damit der Temperatur hineinkommt. Vergleiche hierzu [33] bis [38].

D. Die Rollwiderstandsleistung der Laufräder ist

$$N_R = f \cdot G' \cdot \cos\alpha \cdot \frac{V}{270} \qquad (6)$$

darin bedeuten: G' = Gewicht des fahrenden Wagens im jeweils vorliegendem Zustand,
α = Steigungswinkel der Fahrbahn in Fahrtrichtung gegenüber der Horizontalen.

Durch $\cos\alpha$ wird hierin für Steigungen die Entlastung des Normaldruckes auf die Fahrbahn berücksichtigt. Da dieser Einfluß bei größter vorkommender Straßensteigung noch unter $5^0/_0$ bleibt, wird er meist vernachlässigt und $\cos\alpha = 1$ gesetzt; damit wird dann

$$N_R = f \cdot G' \cdot \frac{V}{270} \qquad (6a)$$

f = Rollwiderstandsbeiwert der Laufräder auf der Fahrbahn in kg Widerstand je kg Wagengewicht.

Rollwiderstandsbeiwerte f für

	f =
Gute Asphaltstraße	0,010
Vorzügliches Steinpflaster	0,015
Vorzüglich gute, chaussierte Straße	0,016
Gutes Holzpflaster	0,018
Gutes Steinpflaster	0,020
Chaussierte Straße, in gutem Zustande	0,023
Chaussierte Straße, mit Staub usw. bedeckt	0,028
Geringes Steinpflaster	0,033
Chaussierte Straße, verschlammt, ausgefahren	0,035
Sehr gute Erdwege	0,045
Chaussierte Straße von sehr geringer Beschaffenheit	0,050
Erdwege je nach Zustand	0,080 bis 0,160
Losen Sand	0,15 bis 0,30 u. mehr.

Tabelle 1.

In dem Rollwiderstandsbeiwert f werden die Widerstände für die eigentliche Rollreibung, für das Walken (Hysteresis) und den Formänderungsschlupf des Reifens, sowie die Luftbewegung im Reifeninnern einbezogen. f kann näherungsweise nach Tabelle 1 als konstant angenommen werden; während f jedoch im einzelnen abhängig ist

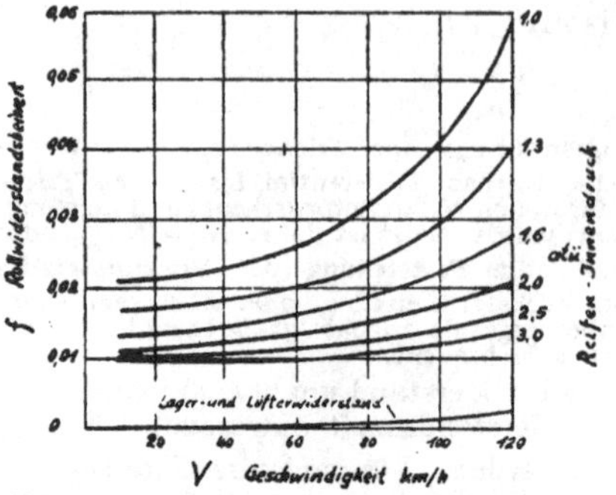

Bild 3. Rollwiderstandsbeiwerte *f* in Abhängigkeit von der Fahrgeschwindigkeit für verschiedenen Reifeninnendruck, nach Kamm [15]

1. von der Fahrbahn nach Baustoff, Form und Zustand der Oberfläche,
2. von der Bereifung nach Baustoff, Bauart und Laufflächenform (Reifeninnendruck!),
3. von der Fahrgeschwindigkeit
4. vom Schlupf und vom Querschlupf (aus Vorspur und bei Kurvenfahrt).
5. von Reifenschwingungen.

Dabei überwiegen, abgesehen von der Fahrbahn, die Einflüsse der Fahrgeschwindigkeit und des Reifeninnendruckes, vgl. Bild 3 [15, 39, 40]. Hier ist auch noch der Lager- und Lüfterwiderstand dargestellt, der aber bezüglich der Lager zum Getriebewiderstand und bezüglich des Luftwiderstandes der Laufraddrehung mit bei der Luftwiderstandsleistung zu erfassen ist.

E. Die Luftwiderstandsleistung.

Der Luftwiderstand setzt sich zusammen

1. aus dem Formwiderstand, d. i. der lediglich durch die Luftzähigkeit bedingte Widerstand, der durch die Relativgeschwindigkeit zwischen den einzelnen Luftschichten bei der Umströmung des Körpers entsteht.
2. aus dem Oberflächenwiderstand, d. i. die Luftreibung an der mehr oder weniger rauhen Oberfläche des Fahrzeuges und

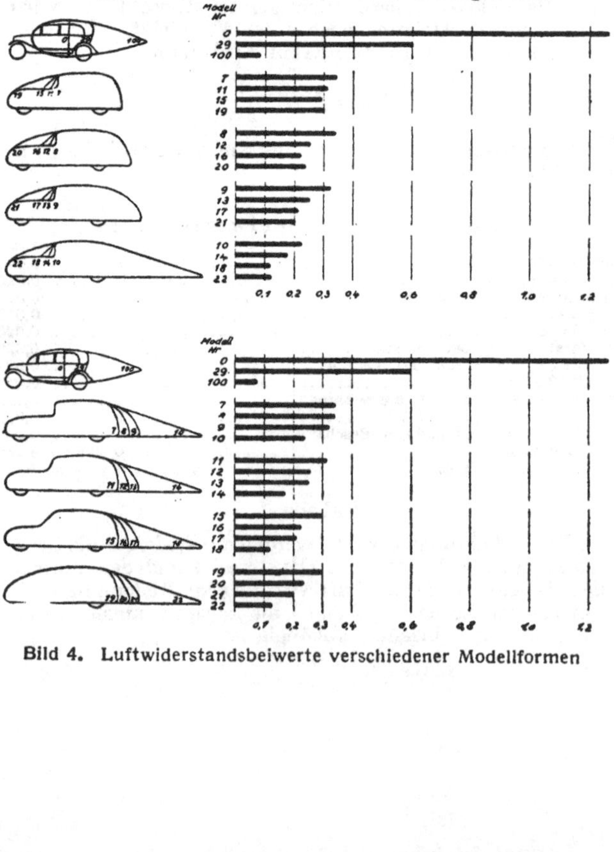

Bild 4. Luftwiderstandsbeiwerte verschiedener Modellformen

3. aus den Widerständen der inneren Durchströmungen zur Kühlung des Motors und zur Lüftung des Wagens.

Im Ganzen ist die Luftwiderstandsleistung

$$N_L = c \cdot \frac{\varrho}{2} \cdot F \cdot \frac{V_r^2}{3{,}6^2} \cdot \frac{V}{270} \qquad (7)$$

darin bedeuten: c = Luftwiderstandsbeiwert,
ϱ = Luftdichte $kg \cdot sek^2 \cdot m^{-4}$,
F = Wagenquerschnit als Projektion in Fahrtrichtung in m^2,
V_r = Relativgeschwindigkeit zwischen Luft (Wind) und Wagen in Fahrtrichtung, km/h.

Der Luftwiderstandsbeiwert c wird durch Auslaufversuche oder Modellmessungen im Windkanal bestimmt, von denen wohl erstmals die von Klemperer 1922 [41] bekannt wurden.

Bild 4 zeigt eine Zusammenstellung von Luftwiderstandsbeiwerten nach amerikanischen Messungen. Im oberen Teil ist der Einfluß verschiedener Bugpartien dargestellt und im unteren Teil der Einfluß verschiedener Heckpartien. Es wird daraus ersichtlich, daß die einseitig übertrieben stromlinienförmige Ausbildung nur einer Partie keinen Zweck hat, wenn die andere Partie nicht auch entsprechend ausgebildet wird. So bringt z. B. das übermäßig lange Heck des Modells 10 gegenüber dem kurzen des Modells 7 nur eine Verkleinerung von c um knapp 30%, während dieselbe Heckänderung bei bester Bugausbildung nach Modell 19 und 22 eine Ersparnis von 60% für c ergibt. Für die bisherigen Normalbauarten kann c aus Bild 5 entnommen werden; während in Bild 6 die Entwicklungsrichtung durch die Formen von Jaray, Kamm und Everling gekennzeichnet ist [15], mit denen man dem Wert $c = 0{,}12$ der reinen Stromlinie für praktische Kraftfahrzeuge nahekommt, $c = 0{,}15 \div 0{,}19$. Zur Zeit gebaute stromlinienförmige Wagen mit glatt verkleideter Unterseite ohne vorstehende Scheinwerfer, Stoßstangen usw. erreichen $c = 0{,}25$ bis $0{,}20$. Für Lastwagen mit Kastenaufbau gilt $c = 0{,}8 \div 1{,}0$, während für Omnibusse die ihrer Form entsprechenden Personenwagenwerte einzusetzen sind.

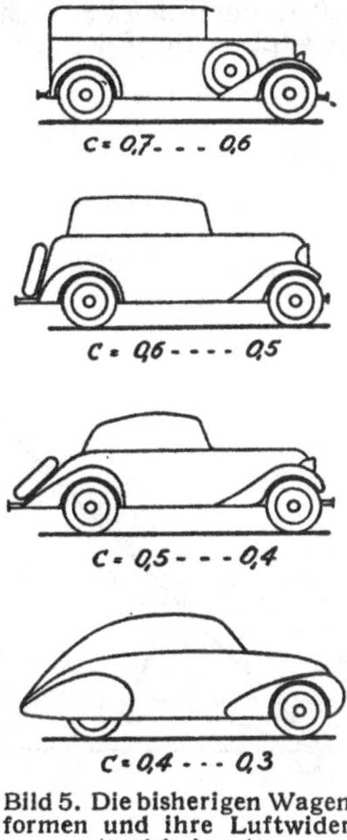

Bild 5. Die bisherigen Wagenformen und ihre Luftwiderstandsbeiwerte

Die Luftdichte muß für genaue Berechnungen jeweils aus folgender Gleichung bestimmt werden

$$\varrho = \frac{b}{21{,}1 \cdot T'} \qquad (7a)$$

darin bedeuten: b = Barometerstand in mm Q.S.,
T' = Lufttemperatur in °K,
$T' = 273 + t'$,
t' = Lufttemperatur in °C.

In der Luftdichte können nämlich in extremen Fällen Unterschiede von über 20% auftreten. Normalerweise rechnet man mit $b = 760$ mm QS und $t' = 15^0$ C, womit sich dann $\varrho = 0{,}125$ $kg \cdot sek^2 \cdot m^{-4}$ ergibt.

Die Relativgeschwindigkeit V_r kann für den Vergleich verschiedener Fahrzeuge gleich V gesetzt und damit also Windstille vorausgesetzt werden. Es wird dann aus Gleichung (7)

$$N_L = \frac{c \cdot F \cdot V^3}{56000} \qquad (7b)$$

Für Krafträder kann $c \cdot F = 0{,}58$ gesetzt werden bei aufrechtem Fahrer; sitzt er leicht gebeugt, so vermindert sich der Wert um etwa 10% [52]

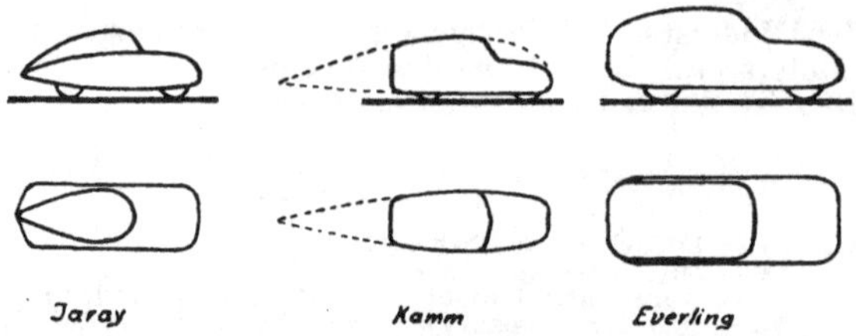

Bild 6. Die Entwicklungsrichtungen der Wagenformen

Zu den Widerständen der innerenDurchströmungen ist im einzelnen zu beachten, wie weit diese durch die schon anfangs von der Motorleistung abgezogene Ventilatorleistung überwunden werden und ob die innere Strömung etwa durch geschickte Anordnung der Kühlluft-Ein- und -Austrittsstellen zur Verminderung des äußeren Widerstandes beiträgt. Hierauf ist bei der Übertragung von Modellmessungen auf das Fahrzeug selbst besonders zu achten. Dasselbe gilt für die Einbeziehung des Luftwiderstandes der Laufraddrehung (Ventilation), auf die schon früher hingewiesen wurde [41 bis 56].

F. Die **Steigungsleistung** ist

$$N_S = G' \cdot \sin\alpha \cdot \frac{V}{270} \qquad (8)$$

Hier ist zu beachten, daß meist die Steigung in Prozenten angegeben wird, was dem tang α entspricht. Der Unterschied liegt hier allerdings innerhalb der vorkommenden Straßensteigungen noch unter 5%. In Bild 5 ist eine Übersicht über Steigungen in den verschiedenen Angaben derart gegeben, daß die durch den Punkt *M* gelegten Steigungsstrahlen auf den verschiedenen Maßstäben die gleichwertigen Ausdrücke angeben.

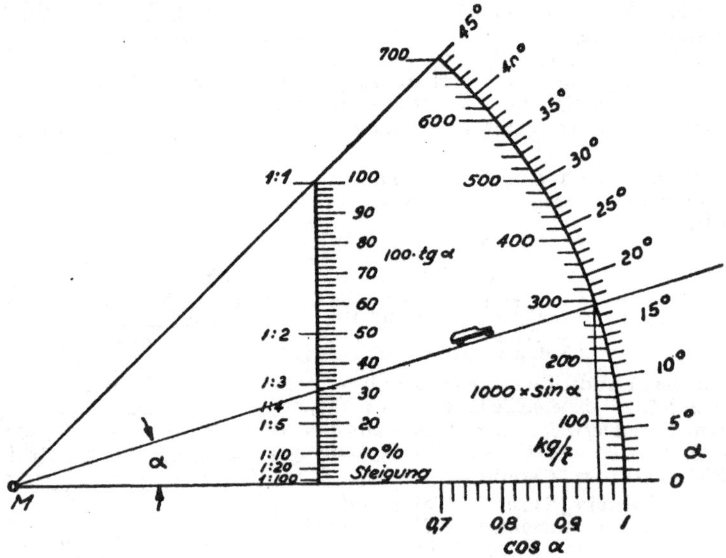

Bild 7. Steigungswinkel in natürlicher Größe mit Maßstäben für verschiedene Bezeichnungen

G. In Bild 8 ist für ein **Beispiel** eine Übersicht über den Verlauf der verschiedenen Fahrwiderstandsleistungen gegeben. Man kann daran erkennen, mit welch großen Leistungen die hohen Fahrgeschwindigkeiten erkauft werden müssen und wie wichtig es deshalb ist, besonders den Luftwiderstandsbeiwert zu verringern.

H. Die Beschleunigungsleistung ist

$$N_B = m' \cdot b \cdot \frac{V}{270} \qquad (9)$$

darin bedeuten:
b, positiv, = Beschleunigung,
, negativ, = Verzögerung m/sek²,
m' = reduzierte Gesamtmasse kg · sek² · m⁻¹.

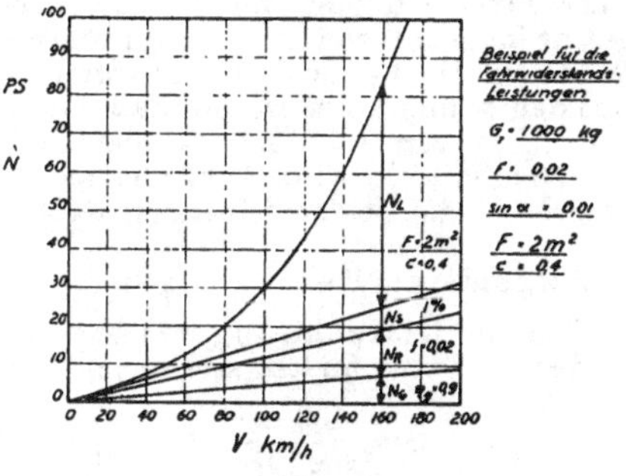

Bild 8. Die Fahrwiderstandsleistungen in Abhängigkeit von der Fahrgeschwindigkeit (Beispiel)

Da bei der Beschleunigung eines Kraftfahrzeuges dessen gesamte Masse nicht nur geradlinig (translatorisch) zu beschleunigen ist, sondern deren drehende (rotierende) Massen außerdem noch einer Winkelbeschleunigung unterliegen, so müssen die drehenden Massen, auf geradlinig beschleunigte reduziert, noch zusätzlich mit zu den translatorischen gezählt werden. Die reduzierte Gesamtmasse ist

$$\left.\begin{aligned} m' &= \frac{G'}{g} + \frac{J_t + J_m \cdot \varphi^2}{\frac{D^2}{4}} \\ m' &= \frac{G'}{g}(1 + \varepsilon') = \frac{G_v}{g}(\gamma + \varepsilon_0 \cdot \gamma_0) \end{aligned}\right\} \qquad (9a)$$

darin bedeuten: g = Erdbeschleunigung = 9,81 m/sek²,
J_t = Massenträgheitsmoment $(\Sigma m \cdot r^2)$ $m \cdot$ kg · sek² der mit der Triebachse festgekuppelten rotierenden Massen, auf die Triebachse bezogen.
J_m = Massenträgheitsmoment $m \cdot$ kg · sek² der mit der Kurbelwelle fest gekuppelten rotierenden Massen, auf die Kurbelwelle bezogen.
φ = Gesamtübersetzung zwischen Kurbelwelle n_m und Triebachse n_t, und zwar so, daß $n_m = \varphi \cdot n_t$
D = wirksamer Durchmesser der Triebräder in m,
ε' = Verhältnis der reduzierten rotierenden Massen zu den translatorischen Massen,
ε_0 = wie ε', nur für den Gewichtszustand $\gamma_0 = \frac{G_0}{G_v}$, für den ε_0 bestimmt worden ist,
γ = $G' : G_v$ = Gewichtsverhältnis des fahrenden Wagens im jeweils vorliegenden Zustand,
G_v = Gewicht des fahrenden Wagens bei voll ausgenützter zulässiger Tragfähigkeit in kg.

Hier seien noch einige Beziehungen für die ungleichförmige Bewegung angegeben, mit

s bzw. Δs = Weg in m
t bzw. Δt = Zeit in sek
v bzw. Δv = Geschwindigkeit in m/sek

$$b = \frac{\Delta v}{\Delta t} \quad \text{und} \quad v = \frac{\Delta s}{\Delta t}$$

und für gleichförmig beschleunigte Bewegung, also $b = \text{const}$ und $v_1 = 0$ wird

$$v_2 = b \cdot t = \sqrt{2 \cdot b \cdot s} \quad \text{und} \quad s = \frac{v_2 \cdot t}{2} = \frac{b \cdot t^2}{2} = \frac{v_2^2}{2b} \qquad (10)$$

Diese Beziehungen sind in Bild 9 in einer Leitertafel (Nomogramm) dargestellt. Jede gerade Linie gibt in ihren Schnittpunkten mit den Maßstabsleitern zusammengehörige Werte an. Soll z. B. festgestellt werden, wie mit einer Beschleunigung von $b = 0{,}6$ m/sek² aus dem Stillstand eine Fahrgeschwindigkeit von $V = 30$ km/h erreicht wird, so gibt die, diese beiden Werte auf den V- und b-Leitern verbindende Gerade in ihren Schnittpunkten mit den t- und s-Leitern an, daß die geforderte Fahrgeschwindigkeit nach einer Zeit von $t = 13{,}9$ sek und einer zurückgelegten Fahrstrecke von $s = 58$ m erreicht wird. So können auch von beliebigen zwei anderen Werten ausgehend die beiden fehlenden Größen ermittelt werden.

I. Allgemeine Beziehungen.

Für die Umrechnung von anderen Ausdrücken, die sich gelegentlich in der Literatur finden, seien noch folgende Formeln angegeben

$$S = \frac{100 \cdot \varphi}{\pi \cdot D}; \quad K = \frac{G' \cdot D}{V_H \cdot \varphi}; \quad R = 20000 \cdot \frac{S \cdot V_H}{T \cdot G'}$$

$$p_e = \frac{T \cdot K \cdot P \cdot \pi}{20 \cdot G'} \qquad (11-14)$$

darin bedeuten: S = Schnellaufzahl = Motorumdrehungen auf 100 m Fahrweg.
K = Wagenmotorkonstante nach Prof. Langer [84]

$$K = \frac{G'}{V_H} \cdot \delta, \quad \left(\frac{\text{m. kg}}{\text{dm}^3}\right)$$

δ = ideeller Raddurchmesser $\delta = \frac{D}{\varphi}$. (m)

R = nutzbares Hubvolumen je Tonnenkilometer. (dm³ t. km)

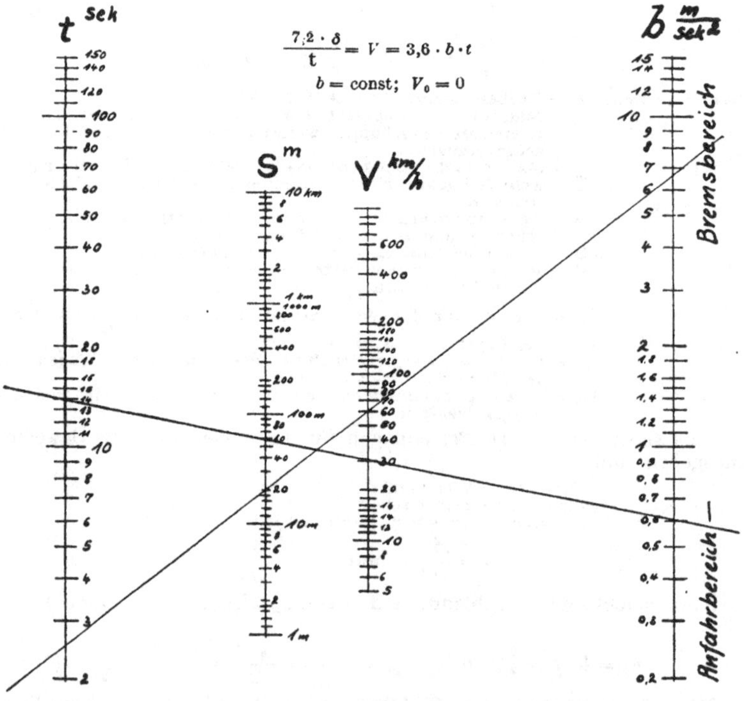

Bild 9. Leitertafel für Beschleunigungen bzw. Verzögerungen b von bzw. bis Stillstand, für End- bzw. Ausgangsgeschwindigkeiten V, für die dabei zurückgelegten Wege s und für die dabei verflossenen Zeiten t

Für die Berechnung des Normal-Fahrzustands-Diagrammes (vgl. S. 58) werden noch folgende Formeln gebraucht:

$$V = \frac{6 \cdot n_m \cdot \pi \cdot D}{100 \cdot \varphi} \text{ km/h} \qquad (15)$$

$$p' = \frac{P}{G_v} = \frac{270 \cdot N}{G_v \cdot V} = \frac{20 \cdot p_e \cdot V_H \cdot \varphi}{T \cdot G_v \cdot \pi \cdot D} \text{ kg/kg} \qquad (16)$$

darin bedeuten: p' = Einheitstriebkraft = Kraft am Triebradumfang in kg je kg Wagengewicht.

(Die übrigen Größen vgl. hinter Formeln (4) und (5).)

Zur Umrechnung der in Motorenkennlinien gegebenen Verbrauchswerte in den Strecken-Brennstoffverbrauch dienen folgende Beziehungen

$$\beta_K = \frac{200 \cdot V_H \cdot \beta}{T \cdot \pi \cdot \delta \cdot \gamma_B} \qquad \beta_K = \frac{100 \cdot B_e}{V \cdot \gamma_B} \qquad (17)$$

$$\beta_K = \frac{V_H \cdot b_e \cdot p_e}{135 \cdot \pi \cdot \delta \cdot T \cdot \gamma_B}$$

darin bedeuten: B_e = stündlicher Brennstoffverbrauch in kg/h,
b_e = spezifischer Brennstoffverbrauch in g/PS$_e$ · h,
β = Brennstoffüllung in g/m³ Hubvolumen,
β_K = Streckenbrennstoffverbrauch in dm³/100 km, auch kilometrischer Brennstoffverbrauch genannt.
γ_B = spezifisches Gewicht des Brennstoffes in kg/dm³.

K. Anhänger-Zugleistung.

Die Gleichungen vorstehenden Abschnittes gelten für den allein fahrenden Kraftwagen. Werden Anhänger mitgeführt, so ist noch zusätzlich die Zugleistung dafür aufzubringen, so daß aus Gleichung (1) wird

$$N_e = N_G + N_R + N_L + N_S + N_B + N_Z \qquad (3a)$$

Die Anhänger-Zugleistung N_Z setzt sich dabei auch wieder, den Fahrwiderständen des Zugwagens entsprechend, aus Rollwiderstands-, Luftwiderstands-, Steigungs- und Beschleunigungsleistung zusammen, wofür auch die entsprechenden Gleichungen gelten wie für den Zugwagen.

3. Ermittlung der Schwerpunktslage.

Alle Messungen zur Ermittlung des Schwerpunktes eines Kraftfahrzeuges sind in dem Zustand auszuführen, für den die Schwerpunktslage bestimmt werden soll, also evtl. voll besetzt bzw. beladen. Zuerst wird der ganze Wagen gewogen, also G bestimmt, sodann werden die Achsdrücke gemessen, d. h. der Wagen nur mit den Vorderrädern oder nur mit den Hinterrädern horizontal auf die Waage gefahren und G_v bzw. G_H abgewogen, vgl. Bild 10.

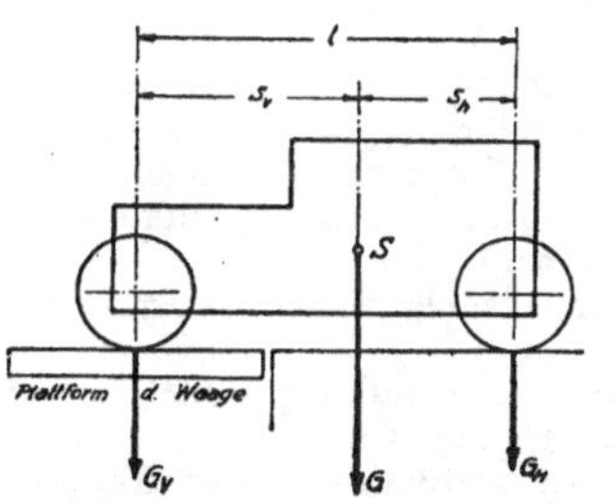

Bild 10. Zur Ermittlung des Schwerpunktabstandes von den Achsen

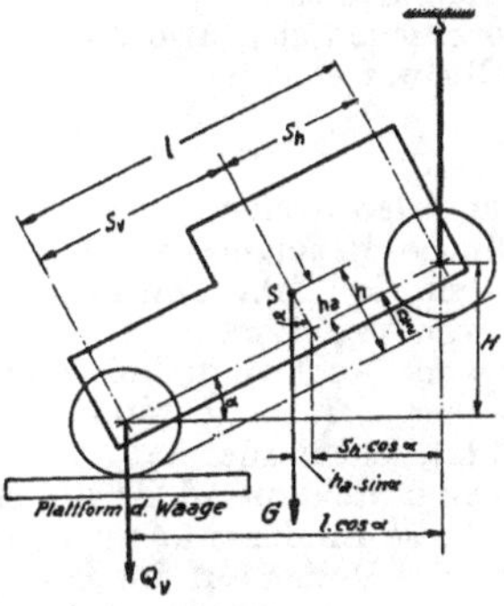

Bild 11. Zur Ermittlung der Schwerpunkts-Höhe

Daraus ergibt sich dann der horizontale Abstand des Schwerpunktes von den Achsen zu

$$s_h = l \cdot \frac{G_V}{G} \quad \text{und} \quad s_v = l \cdot \frac{G_H}{G} \tag{18}$$

worin dann $G_H + G_V = G$ und $s_h + s_v = l$ sein muß, wovon man sich zur Kontrolle der Messungen zu überzeugen hat. Zur Bestimmung der Schwerpunktshöhe gehen wir nun so vor, daß z. B. die Vorderachse auf die Waage gefahren wird und, nachdem die Federn blockiert wurden, der Wagen an der Hinterachse angehoben wird, und zwar um eine beliebige aber genau abzumessende Höhe H, vgl. Bild 11. Dabei darf der Wagen aber auch tatsächlich nur an der Hinterachse hängen, und zwar frei hängen, ohne daß sich die Ketten oder Seile noch an anderen Punkten, z. B. gegen die Karosserie abstützen, denn dadurch würden zusätzliche Momente auftreten, die die Messung fälschen. Jetzt wird wiederum der Achsdruck abgewogen, hier also Q_V, womit sich dann genau wie oben der horizontale Schwerpunktsabstand von den Achsen ergibt. Im Schnittpunkt der bei horizontal stehenden Wagen mit der bei schrägstehenden Wagen ermittelten Schwerlinie liegt dann der Schwerpunkt. Er kann also zeichnerisch durch Eintragung von mindestens diesen zwei Schwerlinien gefunden werden, oder er wird berechnet. Nach Bild 11 ist $Q_V \cdot l \cdot \cos\alpha = G \cdot (h_a \cdot \sin\alpha + s_h \cdot \cos\alpha)$ und daraus

$$h_a = l \frac{Q_V - G_V}{G \cdot \operatorname{tg}\alpha} = l \frac{Q_V - G_V}{G \cdot \operatorname{tg} \operatorname{arc\,sin} \frac{H}{l}}$$

$$h_a = \frac{l^2}{H} \cdot \frac{Q_V - G_V}{G} \cdot \sqrt{1 - \frac{H^2}{l^2}}\,. \tag{19}$$

Die Schwerpunktshöhe über der Fahrbahn ist dann

$$h = h_a + \frac{D}{2}.$$

Es ist zweckmäßig, zur Kontrolle die Messungen für verschiedene Höhen H zu wiederholen und ebenfalls auch für hochgehobene Vorderachse, wobei die Belastung der Hinterachse gewogen wird.

4. Kraftschluß mit der Fahrbahn.

Da das Kraftfahrzeug auf der Straße weder durch äußere Kräfte (Schienen) geführt, noch durch äußere Kräfte angetrieben wird, so müssen alle auf die Fahrbahn zu übertragenden Kräfte als Reibungskräfte, Haft- oder Gleitreibung, der Räder wirksam werden. Reibungskräfte sind aber ganz allgemein in ihrer Größe von der Belastung senkrecht zur Übertragungsfläche und dem Reibungsbeiwert abhängig. Die Grenzen für regelbare Fahrmöglichkeiten ergeben sich also aus den jeweiligen Achsdrücken und den Kraftschlußbeiwerten.

A. Kraftschlußbeiwert μ.

Die vielen Größen, die auf ihn von Einfluß sind, haben bisher sehr unterschiedliche Meßergebnisse gezeitigt. Die Einflüsse gehen im einzelnen aus

1. von der Fahrbahn nach Baustoff und Form der Oberfläche,
2. von der Bereifung nach Baustoff, Bauart und Laufflächenform,
3. von Geschwindigkeit und Temperatur,
4. vom Schmierzustand der Berührungsfläche, d. h. ob trocken, verschmutzt, feucht oder naß.
5. vom Schlupf, d. h. ob Haftreibung, Gleitreibung oder Übergang.
6. Diese Einflüsse können ganz erheblich gestört werden durch Schwingungen der Reifen auf der Fahrbahn, worauf wohl auch in der Hauptsache die großen Unterschiede in den bisherigen Meßergebnissen zurückzuführen sind, denn es ist klar, daß z. B. ein springender Reifen zeitweilig jeden Kraft-

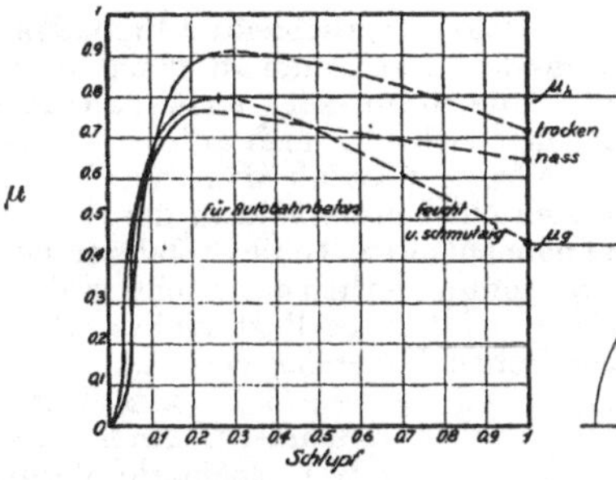

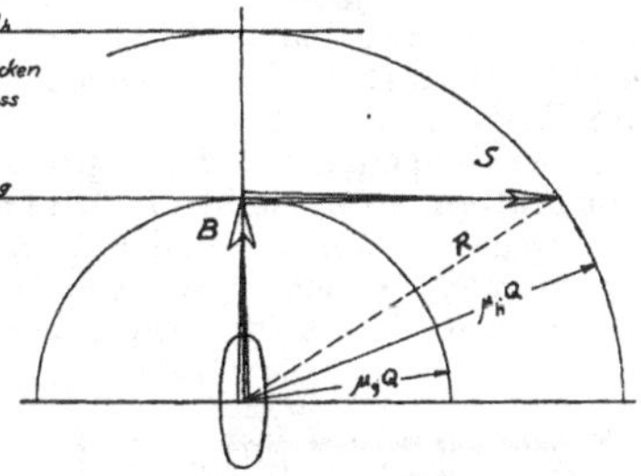

Bild 12. Bild 13.

Bild 12. Kraftschlußbeiwert μ in Abhängigkeit vom Schlupf, nach Klaue [92].
Bild 13. Kraftschlußkreise mit Brems- und Seitenkraft

schluß mit der Fahrbahn verliert. Bild 9 zeigt für Autobahnbeton Kraftschlußbeiwerte nach Klaue [92] über dem Schlupf bei verschiedenen Fahrbahnzuständen. Die Höchstwerte werden zwischen 20 und 30% Schlupf erreicht und als Haftbeiwerte bezeichnet, da man nach Klaue [92] als wahrscheinlich bis hierher reinen Formänderungsschlupf annehmen kann, zu dem dann bei steigendem Gesamtschlupf noch Gleitschlupf hinzukommt, bis der

Gleitbeiwerte μ_g für		
saubere Straßenoberfläche	trocken	naß
Beton (Portlandzement) 2 Jahre alt	0,74	0,71
Beton (Portlandzement) 5 Jahre alt, schmutzig	0,68	0,76
Beton-Asphalt	0,80	0,82
Holzblöcke	0,79	0,48
Ziegel (sandgefüllt)	0,82	0,60
Ziegel (asphaltgefüllt)	0,89	0,65
Schotter	0,61	0,57
Erde	0,65	0,52
Auf vereisten Straßen sinken diese Werte auf 0,20 bis 0,27		

Tabelle 2.

Kraftschluß bei 100% Schlupf auf den reinen Gleitbeiwert abfällt, (vgl. Tabelle 2). Bei einer bestimmten Radlast Q kann das Rad also je nach Schlupfzustand $\mu_h \cdot Q$ oder $\mu_g \cdot Q$ übertragen. Werden diese Maximalwerte nun z. B. in Fahrtrichtung voll ausgenützt, so bleibt keine Komponente quer zur Fahrbahn mehr frei, so daß schon geringe Kräfte den Wagen quer verschieben können. In Bild 10 sind um den Mittelpunkt der Berührungsfläche zwischen Rad und Fahrbahn die Kraftschlußkreise für Haft- und Gleitbeiwert eingetragen. Es wird angenommen, daß das Rad gebremst wird, und zwar noch ohne zu gleiten, wobei die Bremskraft B sein möge. Da das Rad nicht gleitet, gilt als Kraftschlußgrenze der $\mu_h \cdot Q$-Kreis, so daß quer zur Fahrtrichtung noch eine Seitenkraft S von etwa 1,5 facher Größe von B aufgenommen werden kann bis die Kraftschlußgrenze von der Resultierenden R erreicht wird. In dem Augenblick, wo diese Grenze dann aber überschritten wird, fällt die Kraftschlußgrenze meist plötzlich auf den Gleitwert $\mu_g \cdot Q$, der jedoch von B schon vollständig in Anspruch genommenw ird, so daß die Seitenkraft im selben Augenblick vollständig verschwindet. Hierbei hat dann B keine eigene Richtung, sondern ist immer nur der augenblicklichen Bewegungsrichtung entgegengesetzt. Hierdurch würde sich also der Bremsweg (im Beispiel Bild 13) an sich nicht ändern, jedoch besteht die Gefahr darin, daß z. B. quer zur Straße normalerweise keine freien Entfernungen in der Größenordnung üblicher Bremswege zur Verfügung stehen. Wird also so scharf gebremst, daß die

Räder blockieren, so verliert man dadurch nicht nur erheblich an Bremskraft, sondern auch noch jede führende Seitenkraft. Blockieren an einem Wagen mit Vier-Rad-Bremse nach Bild 14 (unten) die Hinterräder, so fällt an diesen jede Richtkraft fort, und der Wagen stützt sich nur noch auf die Vorderräder ab. Liegt die im Schwerpunkt angreifende Massenkraft nun nicht ganz genau in der Wagenachse oder ergibt sich ein Unterschied in den Vorderradbremskräften, so entsteht ein Drehmoment, dem keine stabilisierenden Kräfte entgegenwirken, so daß der Wagen hinten seitlich ausweicht, wodurch das Drehmoment jedoch immer größer wird, d. h. es liegt labiles Gleichgewicht vor und damit sehr erhebliche Schleudergefahr, denn der Wagen ist bestrebt, ganz herumzuschleudern. Andererseits ergeben blockierte Vorderräder ein stabiles Gleichgewicht der Massenkräfte mit den verbleibenden größeren Hinterradbremskräften, denn bei etwa auftretenden Drehmomenten wird sich der Wagen etwas schräg stellen, bis die Kräfte wieder im Gleichgewicht sind und damit das Drehmoment auf Null abfällt. Der Wagen wird also höchstens etwas um die Gleichgewichtsrichtung pendeln. Für den Vier-Rad-Antrieb gilt Entsprechendes, nur daß dabei der Gleitbeiwert nicht durch das Blockieren, sondern durch das Durchrutschen, bzw. Durchdrehen der Räder erreicht wird und daß die Kräfte gegenüber dem Bremsen ihre Richtung umkehren, vgl. Bild 14 oben, womit dann auch die Gleichgewichtszustände vertauscht werden, denn beim Durchdrehen z. B. der Vorderräder tritt labiles Gleichgewicht auf. Bei Vier-Rad-Antrieb muß also ein Durchdrehen der Vorderräder und bei Vier-Rad-Bremsung ein Blockieren der Hinterräder vermieden werden.

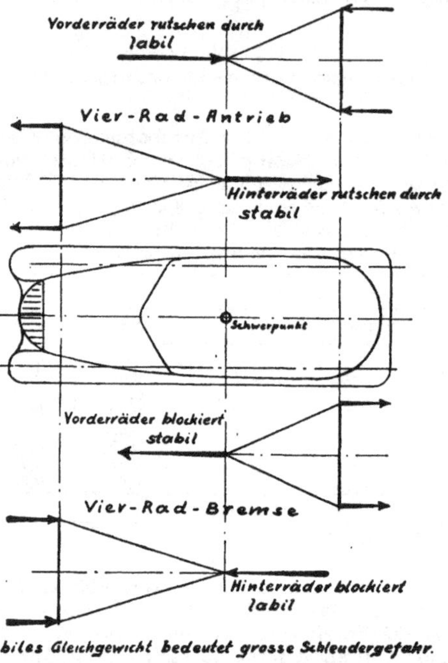

Bild 14. Fahrstabilität bzw. Schleuderneigung bei Vierrad-Antrieb und Vierrad-Bremse für Geradeausfahrt

Neben diesen Sonderfällen werden die Seitenkräfte aber auch bei normaler Fahrt zur Führung, bzw. Spurhaltung herangezogen. Hierbei ist auf eine besondere Eigenschaft des Kraftschlußbeiwertes μ Rücksicht zu nehmen, denn wie aus Bild 12 hervorgeht, ist Vorbedingung für den Kraftschluß, daß Schlupf vorliegt. Würde man nun also z. B. die gelenkten Vorderräder in Geradeausfahrt parallel stellen, so könnten erst bei größeren Winkelabweichungen Seitenkräfte zur Spurhaltung auftreten, es würde sich also ein beträchtlicher Schwimmbereich einstellen und der Fahrer müßte, um die Spur zu halten, dauernd gegensteuern. Diese Verhältnisse sind in Bild 15 dargestellt, wobei die Seitenkräfte S in Abhängigkeit von dem Abweichungswinkel β zwischen Wagenachse und Fahrtrichtung bei geradeaus gestellten parallelen Vorderrädern aufgetragen sind. Für den Seitenschlupf s wurde dabei angenähert $s = \tan \beta$ angenommen und die zugehörigen Kraftschlußbeiwerte aus Bild 12 entnommen. Innerhalb der Winkelabweichungen des Schwimmbereiches wachsen die auftretenden Stabilisierungskräfte nur sehr langsam, so daß geringste äußere Kräfte, z. B. Seitenwind, Ungleichmäßigkeiten der Fahrbahn oder dgl. genügen, um den Wagen aus seiner Fahrtrichtung abzulenken. Um dieses Schwimmen nun zu vermeiden, und selbsttätige Spurhaltung zu erreichen, gibt man den Rädern Vorspur, d. h. man läßt die Vorderräder so laufen, daß sie beide um einen kleinen Winkel δ von der Wagenachse nach innen abweichen. Hierdurch werden die seitenschlupflosen Geradeaus-Richtungen der Vorderräder so gegeneinander verdreht, daß schon um die Null- bzw. Geradeausstellung des Steuerrades starke Stabilisierungskräfte auftreten können, vgl. Bild 16. Ein Maß für die Stabilität der Spurhaltung ist die Nullpunktstangente, deren Steigung die freien Stabilisierungskräfte je Grad Kursabweichung angibt. Das ver-

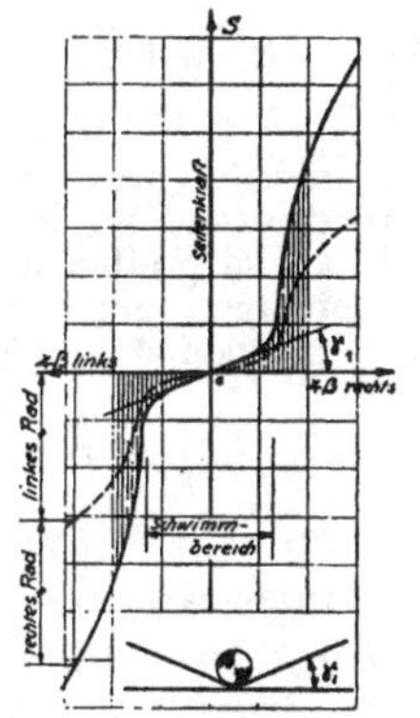

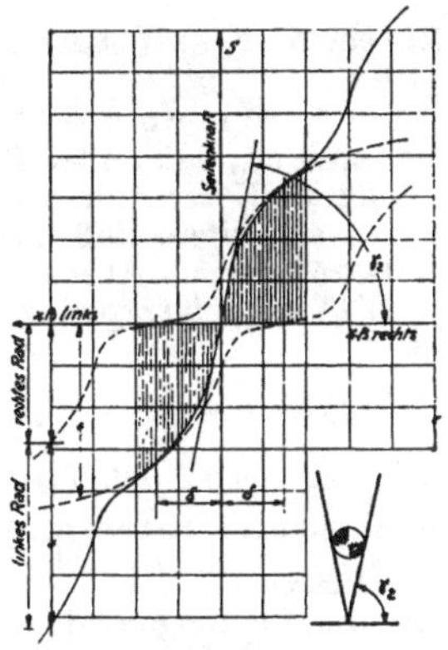

Bild 15. Bild 16.

Bild 15. Seitenführungskräfte der Vorderräder in Abhängigkeit vom Kurs-Abweichungs-Winkel β; ohne Vorspur

Bild 16. Seitenführungskräfte der Vorderräder in Abhängigkeit vom Kurs-Abweichungs-Winkel β; mit Vorspur

deutlichen noch die kleinen schematischen Gleichgewichtsskizzen rechts unter den Bildern 15 und 16.

Allgemein ist noch darauf hinzuweisen, daß bei der Bestimmung der Haftreibungszahlen μ aus Brems- oder Beschleunigungsversuchen der tatsächliche dynamische Achsdruck eingesetzt werden muß, da sich sonst u. U. ganz erhebliche Fehler ergeben.

Es muß noch darauf hingewiesen werden, daß in der Forschung noch keine Einheitlichkeit der Ergebnisse über den Beginn der Kraftschlußbeiwert-Kurve herrscht, vgl. Bild 12, da man auch häufig einen steilen Anstieg aus dem Nullpunkt ohne Wendepunkt findet (also rein konvexer Verlauf). Nach Prof. Marquard ist dieser Unterschied auf den Einfluß der Laufgummiprofilierung zurückzuführen.

B. Achsdruck.

Nach Bild 17 betragen die statischen Achsdrücke, also bei stillstehendem Fahrzeug für die

$$\left.\begin{array}{c|c} \text{Vorderachse} & \text{Hinterachse} \\ G_V = G \cdot \dfrac{s_h \cdot \cos\alpha - h \cdot \sin\alpha}{l} & G_H = G \cdot \dfrac{s_v \cdot \cos\alpha + h \cdot \sin\alpha}{l} \\ \multicolumn{2}{c}{\text{und für } \alpha = 0^0} \\ G_V = G \cdot \dfrac{s_h}{l} & G_H = G \cdot \dfrac{s_v}{l} \end{array}\right\} \quad (20)$$

Während der Fahrt sind die Achsdrücke nun nicht die gleichen wie bei stehendem Fahrzeug, da die Massenkräfte, Luftwiderstandskräfte und Zugkräfte ein zusätzliches Moment erzeugen, das die Lastverteilung auf die Achsen ändert. Die dynamischen Achsdrücke, also die während der Fahrt, werden in den Abschnitten Antriebsgrenzen und Bremsgrenzen für die einzelnen Fälle angegeben.

Über den zulässigen statischen Achsdruck in der Ebene vergleiche die Straßenverkehrs-Zulassungs-Ordnung-St.V.Z.O. vom 13. November 1937 in § 34ff. mit Nachtrag im Reichs-Verkehrs-Blatt Ausgabe B Nr. 15 vom 29. 3. 1939. [7]

C. Antriebsgrenzen.

Für das angetriebene Fahrzeug nach Bild 17 sind die dynamischen Achsdrücke **allgemein** gegeben durch

$$G'_V = \frac{1}{l}\,(G \cdot \cos\alpha \cdot s_h - G \cdot \sin\alpha \cdot h - W_B \cdot h - W_L \cdot h_L - Z \cdot h_Z) \qquad G_H = \frac{1}{l}\,(G \cdot \cos\alpha \cdot s_v + G \cdot \sin\alpha \cdot h + W_B \cdot h + W_L \cdot l_L + Z \cdot h_Z) \quad (21$$

Nimmt man nun an, daß außer Beschleunigungs- und Steigungswiderstand auch die Zugkraft Z der Anhänger und der Luftwiderstand W_L in Schwerpunktshöhe h angreifen, daß also $h_Z = h_L = h$ ist, so greifen dann alle Widerstandskräfte, mit Ausnahme des Rollwiderstands der Laufräder, also $(P - W_R)$ im Schwerpunkt an. Damit vereinfachen sich obige Gleichungen zu

$$G'_V = \frac{1}{l}\,[G \cdot \cos\alpha \cdot s_h - (P - W_R) \cdot h] \qquad G'_H = \frac{1}{l}\,[G \cdot \cos\alpha \cdot s_v + (P - W_R) \cdot h] \quad (22$$

Die übertragbaren Umfangskräfte sind dann für

nur Vorderadantrieb	nur Hinterradantrieb
$P_{V\max} = \mu \cdot G_V$	$P_{H\max} = \mu \cdot G'_H$

Werden hierin die obigen allgemeinen G'-Werte eingesetzt, worin dann weiter gesetzt wird $W_R = f \cdot G \cdot \cos\alpha$, sowie

$P = P_{V\max}$ | $P = P_{H\max}$

so ergibt sich

$$P_{V\max} = \mu \cdot G \cdot \cos\alpha \cdot \frac{s_h + f \cdot h}{l + \mu \cdot h} \qquad P_{H\max} = \mu \cdot G \cdot \cos\alpha \cdot \frac{s_v - f \cdot h}{l - \mu \cdot h} \quad (23$$

Die größtmöglichen Antriebskräfte bei nur Vorderradantrieb zu denen bei nur Hinterradantrieb stehen also in folgendem Verhältnis:

$$\frac{P_{V\max}}{P_{H\max}} = \frac{(s_h + f \cdot h) \cdot (l - \mu \cdot h)}{(s_v - f \cdot h) \cdot (l + \mu \cdot h)} \quad (24)$$

Soll mit Vorderradantrieb dasselbe erreicht werden wie mit Hinterradantrieb, also $P_{V\max} = P_{H\max}$, dann müßte der Schwerpunktsabstand von der Vorderachse betragen

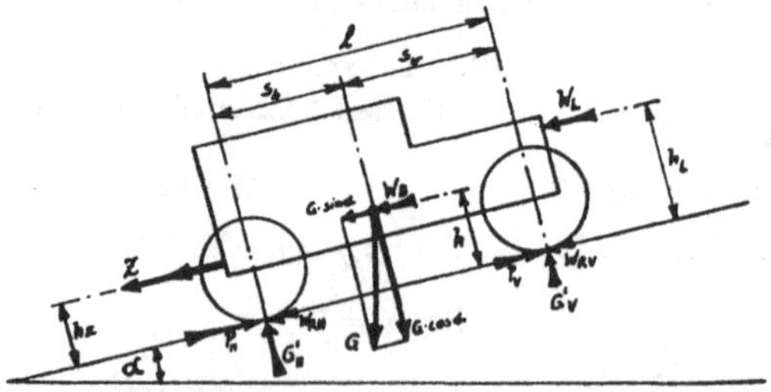

Bild 17. Der Einfluß des Antriebes auf den Achsdruck

$$s_v = \frac{l}{2} - h\left(\frac{\mu}{2} - f\right) \tag{25}$$

Für Vier-Rad-Antrieb wird die übertragbare Umfangskraft

$$P_{4\max} = \mu \cdot G \cdot \cos\alpha, \tag{26}$$

wenn alle Räder ihrem Achsdruck entsprechend voll für den Antrieb ausgenützt werden. Die Antriebskräfte müssen also im Verhältnis der Achsdrücke verteilt sein, entsprechend folgender Gleichung:

$$\frac{P_H}{P_V} = \frac{G_H}{G_V} = \frac{G \cdot \cos\alpha \cdot s_v + (P - W_R) \cdot h}{G \cdot \cos\alpha \cdot s_h - (P - W_R) \cdot h},$$

darin ist dann zu setzen $P = \mu \cdot G \cdot \cos\alpha$ und $W_R = f \cdot G \cdot \cos\alpha$, woraus das Verhältnis der Triebkräfte folgt zu:

$$\frac{P_H}{P_V} = \frac{s_v + h(\mu - f)}{s_h - h(\mu - f)} \tag{27}$$

Die Triebkräfte ergeben sich für die einzelnen Achsen aus den allgemeinen Achsdruckwerten unter Berücksichtigung von

$P_V = \mu \cdot G'_V$ und	$P_H = \mu \cdot G'_H$ und
$P = \mu \cdot G \cdot \cos\alpha$ zu	$P = \mu \cdot G \cdot \cos\alpha$ zu
$P_V = \mu \cdot G \cdot \cos\alpha \cdot \frac{s_h - h(\mu - f)}{l}$	$P_H = \mu \cdot G \cdot \cos\alpha \cdot \frac{s_v + h(\mu - f)}{l}$ (28)

Wird verlangt, daß Vorder- und Hinterachse gleiche Kräfte übertragen, also $P_H = P_V$, dann ergibt sich der erforderliche Schwerpunktsabstand von der Vorderachse

$$s_v = \frac{l}{2} - h(\mu - f) \tag{29}$$

D. Steigungsgrenzen.

Um den Kraftwagen mit gleichförmiger Fahrgeschwindigkeit ($W_B = 0$) seine Grenzsteigung befahren zu lassen, wobei auch $W_L = 0$ und $Z = 0$ gesetzt sei, muß die Antriebskraft $P_{\max} = W_S + W_R$ aufgebracht werden, die nach Einsetzen der Gleichungen (6) und (8) unter Berücksichtigung des letzten Gliedes von (4) wird

$$P_{\max} = G' \cdot (\sin\alpha + f \cdot \cos\alpha) \tag{30}$$

Wird dieser Wert, der Antriebsart entsprechend, jeweils Gleichung (23_V) (23_H) oder (26) gleichgesetzt, so ergibt sich daraus als Grenzsteigung

für Vorderradantrieb $\operatorname{tang}\alpha_V = \mu \dfrac{s_h + f \cdot h}{l + \mu \cdot h} f$ (31)

für Hinterradantrieb $\operatorname{tang}\alpha_H = \mu \cdot \dfrac{s_v - f \cdot h}{l - \mu \cdot h} f$ (32)

für Vierradantrieb mit der Verteilung der Triebkräfte nach Gleichung (27) $\operatorname{tang}\alpha_4 = \mu - f$ (33)

Sowohl die Antriebsgrenzen wie auch die Steigungsgrenzen beziehen sich hier auf die Haftfähigkeit. Wieweit diese Grenzen von den einzelnen Kraftfahrzeugen nun tatsächlich befahren werden können, hängt vom Zusammenwirken von Motordrehmoment und Gesamtübersetzung ab, vgl. NFD auf S. 60 und Getriebeplanung auf S. 66. Es kommt also darauf an, ob die höchste Umfangskraft an den Triebrädern überhaupt diese Grenze der auf die Fahrbahn noch übertragbaren Umfangskräfte erreicht.

E. Bremsgrenzen.

Ähnlich wie beim Antrieb wird auch hier angenommen, daß außer dem teigungs widerstand noch der Luftwiderstand und die Zugkraft der Anhänger

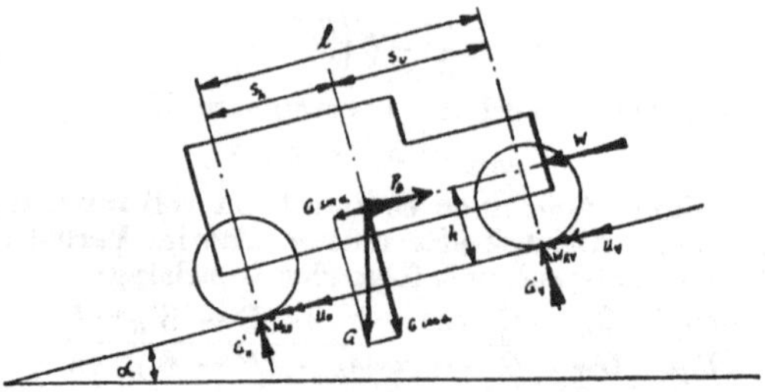

Bild 18. Der Einfluß des Bremsens auf den Achsdruck

im Schwerpunkt angreifen. Damit lauten dann die Gleichungen für den dynamischen Achsdruck des gebremsten Fahrzeuges nach Bild 18

allgemein

$$G_V = \frac{1}{l}\,[G \cdot \cos\alpha \cdot s_h + h(P_B - W)] \quad G'_H = \frac{1}{l}\,[G \cdot \cos\alpha \cdot s_v - h(P_B - W)] \qquad (34)$$

Darin bedeutet P_B die gesamte Massenkraft und W die Summe aller in Schwerpunktshöhe angreifenden Fahrwiderstandskräfte.

$$P_B = W_R + W + U$$

$$W = (W_S + W_L + Z) = p'_w \cdot G;\; U = \mu \cdot G'_{(x)}$$

$$P_B = f \cdot G \cdot \cos\alpha + p'_w \cdot G + \mu\; G'_{(x)} \qquad (x) = H \text{ oder } V \text{ oder } 4$$

$$P_B - W = W_R + U = f \cdot G \cos\alpha + \mu \cdot G'_{(x)}$$

$$P_B = -b\,\frac{G}{g}.$$

Unter Berücksichtigung dieser Werte ergibt sich dann für

nur Vorderradbremsung

$$G'_V = G \cdot \cos\alpha \cdot \frac{s_h + f \cdot h}{l - \mu \cdot h}$$

$$-b_V = \left(p'_w + \frac{f \cdot l + \mu \cdot s_h}{l - \mu \cdot h} \cdot \cos\alpha\right) \cdot g$$

nur Hinterradbremsung $\qquad (35)$

$$G'_H = G \cdot \cos\alpha \cdot \frac{s_v - f \cdot h}{l + \mu \cdot h}$$

$$-b_H = \left(p'_w + \frac{f \cdot l + \mu \cdot s_v}{l + \mu \cdot h} \cdot \cos\alpha\right) \cdot g$$

Der ausnutzbare Achsdruck bei nur Vorderradbremsung zu dem bei nur Hinterradbremsung steht also im Verhältnis

$$\frac{G'_V}{G'_H} = \frac{(s_h + f \cdot h)\,(l + \mu \cdot h)}{(s_v - f \cdot h)\,(l - \mu \cdot h)} \qquad (36)$$

während das Verhältnis der größtmöglichen Verzögerungen gegeben ist durch

$$\frac{-b_V}{-b_H} = \frac{p'_w + \dfrac{f \cdot l + \mu \cdot s_h}{l - \mu \cdot h} \cdot \cos\alpha}{p'_w + \dfrac{f \cdot l + \mu \cdot s_v}{l + \mu \cdot h} \cdot \cos\alpha} \qquad (37)$$

Soll mit nur Vorderradbremsung dasselbe erreicht werden, wie mit nur Hinterradbremsung, dann müßte der Schwerpunktsabstand von der Vorderachse betragen

$$s_V = \frac{l}{2} + h\left(\frac{\mu}{2} + f\right) \tag{38}$$

Für Vier-Rad-Bremsung wird

$$P_B = f \cdot G \cdot \cos\alpha + p'_w \cdot G + \mu \cdot G \cdot \cos\alpha = -b \cdot \frac{G}{g}. \tag{39a}$$

und daraus die größtmögliche Verzögerung:

$$-b = g\,[p'_w + (\mu + f) \cdot \cos\alpha] \tag{39b}$$

für deren Erreichung aber Voraussetzung ist, daß alle Räder, ihrem Achsdruck entsprechend, für das Bremsen voll ausgenützt werden. Das bedingt, daß die Bremskräfte im Verhältnis der Achsdrücke verteilt sein müssen. Die Achsdrücke sind

$$G'_V = G \cdot \cos\alpha \cdot \frac{s_h + h(\mu + f)}{l} \qquad G'_H = G \cdot \cos\alpha \cdot \frac{s_v - h(\mu + f)}{l}$$

und deren Verhältnis: (40)

$$\frac{G_V}{G'_H} = \frac{s_h + h(\mu + f)}{s_v - h(\mu + f)}$$

Wird verlangt, daß Vorder- und Hinterachse gleiche Bremskräfte übertragen können, also $G'_V = G'_H$, so ergibt das folgende Bedingung für die Schwerpunktslage.

$$s_v = \frac{l}{z} + h(\mu + f) \tag{41}$$

Eine Zusammenstellung der Hauptformeln für Antrieb und Bremsen unter einigen vereinfachenden Annahmen gibt Tabelle 3, Seite 18.

F. Einfluß der Anhängerzug- oder Druckkraft und ihrer Richtung auf den Achsdruck.

In Bild 17 ist die Anhängerzugkraft Z parallel zur Fahrbahn eingetragen und in Gleichung (21) ist Z mit berücksichtigt. Bei den weiteren Gleichungen war die Anhänger-Zugkraft dann mit den Fahrwiderständen zusammengefaßt unter der Annahme, daß ihr Angriffspunkt in Schwerpunktshöhe liegt. Trifft dies nun nicht zu, so muß auf Gleichung (21) zurückgegriffen werden, aus der sich die Änderung der Achsdrücke aus der Anhänger-Zugkraft ergibt zu

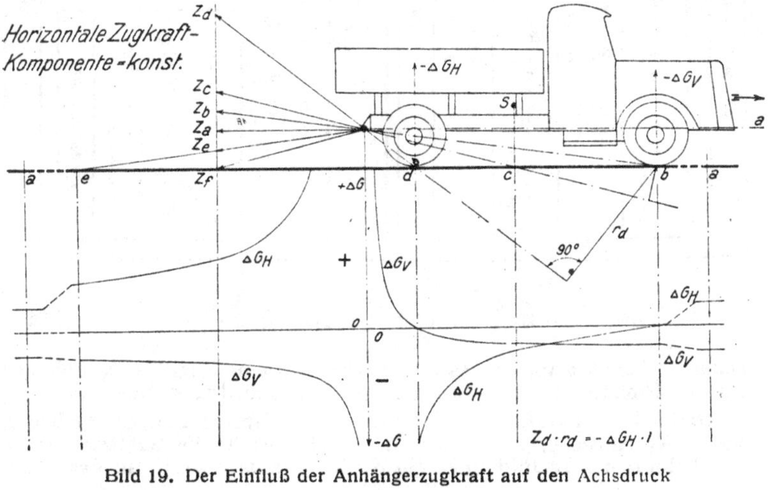

Bild 19. Der Einfluß der Anhängerzugkraft auf den Achsdruck

Achsdrücke und übertragbare Umfangskräfte für

Antrieb			Bremsen	
Vorderradantrieb	**Hinterradantrieb**		**Vorderradbremse**	**Hinterradbremse**
$G'_V = G \cdot \frac{s_h + f \cdot h}{l + \mu \cdot h}$ $P_{V\max} = \mu \cdot G'_V$	$G'_H = G \cdot \frac{s_v - f \cdot h}{l - \mu \cdot h}$ $P_{H\max} = \mu \cdot G'_H$		$G'_V = G \cdot \frac{s_h + f \cdot h}{l - \mu \cdot h}$ $B_{V\max} = (\mu + f) \cdot G'_V$ $-b_V = \frac{f \cdot l + \mu \cdot s_h}{l - \mu \cdot h} \cdot g$	$G'_H = G \cdot \frac{s_v - f \cdot h}{l + \mu \cdot h}$ $B_{H\max} = (\mu + f) \cdot G'_H$ $-b_H = \frac{f \cdot l + \mu \cdot s_v}{l + \mu \cdot h} \cdot g$
$\frac{P_{V\max}}{P_{H\max}} = \frac{(s_h + f \cdot h)(l - \mu \cdot h)}{(s_v - f \cdot h)(l + \mu \cdot h)}$			$\frac{B_{V\max}}{B_{H\max}} = \frac{(s_h + f \cdot h)(l + \mu \cdot h)}{(s_v - f \cdot h)(l - \mu \cdot h)}$	
$s_v = \frac{l}{2} - h\left(\frac{\mu}{2} - f\right)$		$V = H$	$s_v = \frac{l}{2} + h\left(\frac{\mu}{2} + f\right)$	
Vierradantrieb			**Vierradbremsen**	
$P_{\max} = \mu \cdot G$			$B_{\max} = G \cdot (\mu + f)$ $-b_{\max} = (\mu + f) \cdot g$	
$G'_V = G \cdot \frac{s_h - h(\mu - f)}{l}$	$G'_H = G \cdot \frac{s_v + h(\mu - f)}{l}$		$G_V = G \cdot \frac{s_h + h(\mu + f)}{l}$	$G'_H = G \cdot \frac{s_v - h(\mu + f)}{l}$
$\frac{P_{V\max}}{P_{H\max}} = \frac{G'_V}{G'_H} = \frac{s_h - h(\mu - f)}{s_v + h(\mu - f)}$			$\frac{B_{V\max}}{B_{H\max}} = \frac{G'_V}{G_H} = \frac{s_h + h(\mu + f)}{s_v - h(\mu + f)}$	
$s_v = \frac{l}{2} - h(\mu - f)$		$V = H$	$s_v = \frac{l}{2} + h(\mu + f)$	
$\alpha = 0;\ h_L = h_Z = h$		Allgem. Voraussetzungen	$\alpha = 0;\ p_w = 0$	

Tabelle 3.

$$\Delta G'_V = -Z \cdot \frac{h_z}{l} \quad \text{und} \quad \Delta G'_H = +Z \cdot \frac{h_z}{l} \tag{21a}$$

Daraus erkennt man, daß es auf möglichst kleine Zughöhe h_z ankommt, um den Einfluß auf die Achsdrücke möglichst niedrig zu halten.

Greift die Zugkraft nun nicht parallel zur Fahrbahn an, so ergeben sich andere Verhältnisse, je nachdem an welcher Stelle die Kraftrichtung die Fahrbahn trifft. In Bild 19 ist ein Kraftwagen dargestellt, an dem in verschiedenen Richtungen jeweils die Zugkraft des Anhängers angreift. Die Zugkraftrichtungen sind bis zum Schnitt mit der Fahrbahn verlängert und die wirksamen Hebelarme, bezogen auf die Berührungspunkte der Räder mit der Fahrbahn, eingetragen. Aus dem Momentengleichgewicht ergeben sich so die Achsdruckänderungen ΔG, die unter dem Wagen dargestellt sind, wobei jeweils unter dem Schnittpunkt der Zugkraftrichtung mit der Fahrbahn die Achsdruckänderungen eingetragen sind. Daraus ergibt sich z. B. wenn die Zugkraftrichtung unter der Vorderachse die Fahrbahn trifft (b), daß der Hinterachsdruck vom Anhänger nicht beeinflußt wird, sondern nur der Vorderachsdruck; im Falle (d) ist es umgekehrt. Wirkt nun die Zugkraft Z gelegentlich umgekehrt, also drückend, z. B. bei Gefälle oder Bremsen, so kehren auch die Achsdruckänderungen ΔG ihre Vorzeichen um. Aus der Lage der Zugkraft ergibt sich also die Möglichkeit, die Achsdrücke in gewünschter Richtung zu beeinflussen, so z. B. die Änderungen für einzelne Achsen in sehr kleinen Grenzen zu halten oder aber zur Erhöhung der Antriebsgrenzen die Triebachsen stärker zu belasten. Will man also beim Ziehen eines Anhängers die Hinterachse des Zugwagens stärker belasten, so muß die Zugdeichsel vom Zugwagen oben zum Anhänger unten geführt werden. Soll beim Bremsen auch der Hinterachsdruck des Zugwagens steigen, so muß umgekehrt die Deichsel vom Zugwagen unten zum Anhänger oben geführt werden. Durch die Kombination beider Forderungen und Deichseln ergibt sich ein Deichselkreuz in der vertikalen Ebene, dessen Streben im oben beschriebenen Sinne (z. B. durch Langlochaugen) zur Wirkung gebracht werden können. Für die festigkeitsmäßige Berechnung der Achsen sind die möglichen Einflüsse der Anhänger auf die Achsdrücke mit zu berücksichtigen, da sie u. U. recht erhebliche Werte annehmen können [77]. Bei Zugmaschinen und Schleppern ist einesteils zur Erhöhung der Antriebsgrenzen eine Steigerung des Treibachsdruckes erwünscht, anderseits besteht dabei die Gefahr, daß der Schlepper durch die Entlastung der Vorderachse dann vorne hochgeht. In diesem Zusammenhange sei noch auf die Schleppeinrichtungen zum Belasten des Zugwagens mit einem Teil des Anhängergewichtes [82] hingewiesen, bei denen sich schon bei stillstehendem Wagen der Anhänger zum Teil auf den Zugwagen aufstützt.

5. Achsdruck- und Umfangskraft-Verteilung.

A. Allgemein.

Wir haben gesehen, daß bei Vierradantrieb und Vierradbremse die Verteilung der Trieb- und Bremskräfte sich den jeweiligen Achsdrücken anzupassen hat, wenn man das ganze Wagengewicht als Reibungsgewicht ausnützen will. Es ist daher wichtig, die Änderung des Achsdruckes bei Ausnutzung verschiedener Kraftschlußbeiwerte μ für Antrieb und Bremsen

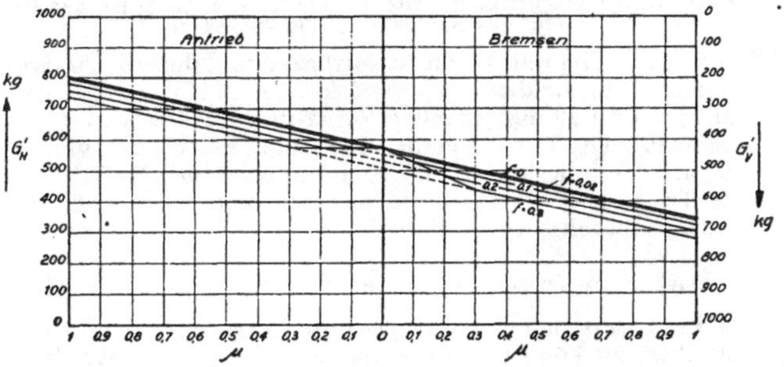

Bild 20. Beispiel für die Achsdruckverteilung in Abhängigkeit vom ausgenützten Kraftschlußbeiwert μ für verschiedene Rollwiderstandsbeiwerte f

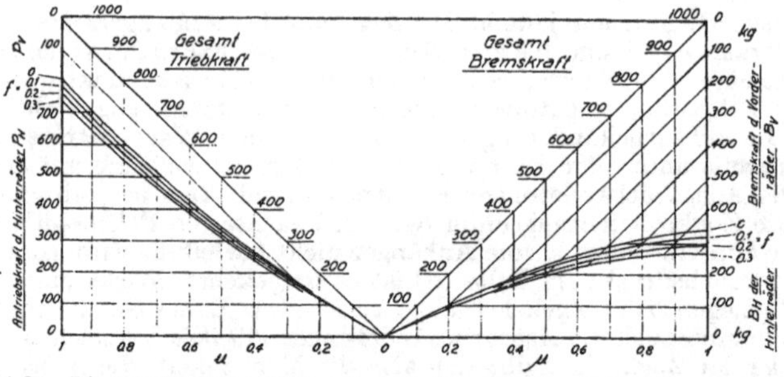

Bild 21. Die erreichbaren Radumfangskräfte für das Beispiel gem. Bild 20

zu verfolgen. Mit den oben benutzten Bezeichnungen, vgl. Bild 17 und 18, wurde ein Beispiel angenommen zu: $G = 1000$ kg; $l = 2{,}6$ m; $s_v = 1{,}5$ m; $h = 0{,}6$ m; $p_w' = 0$; $\alpha = 0^0$. Dafür ist die Verteilung der Achsdrücke für verschiedene voll ausgenutzte Kraftschlußbeiwerte μ berechnet und in Bild 20 eingetragen. Um auch den Einfluß des Rollwiderstandsbeiwertes f der Laufräder kenntlich zu machen, wurden die Achsdrücke für verschiedene f-Werte eingezeichnet. Auf normalen Straßen, $f = 0{,}02$ könnte f daher ver-

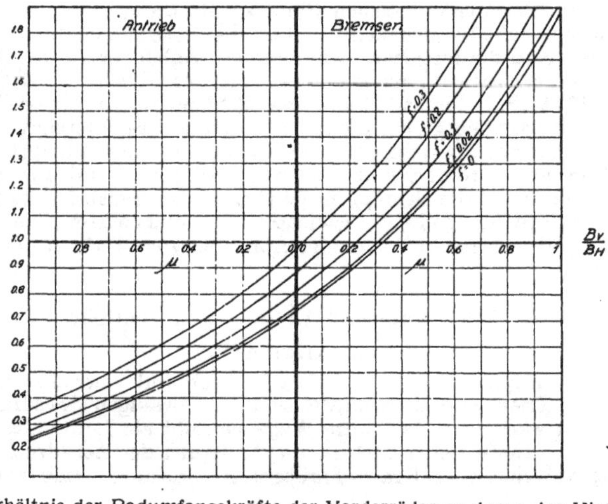

Bild 22. Verhältnis der Radumfangskräfte der Vorderräder zu denen der Hinterräder für das Beispiel von Bild 20 und 21

nachlässigt werden. Die mit diesen Achsdrücken und den zugehörigen Kraftschlußbeiwerten μ erreichbaren Umfangskräfte sind in Bild 21 dargestellt, während hierfür Bild 22 das jeweilige Verhältnis von Vorderrad- zu Hinterradumfangskraft zeigt. Für die volle Ausnutzung der Übertragungsmöglichkeiten von Rad-Umfangskräften ist es daher erforderlich, für jeden Fahrzustand die Trieb- bzw. Bremskräfte in einem anderen Verhältnis auf die Vorder- und Hinterachse zu verteilen.

B. Drehmomentenverteiler für Vierradantrieb[1]).

Um bei Vierradantrieb stets das gesamte Wagengewicht für den Kraftschluß ausnützen zu können, müßte man also für jede Größe der Gesamt-

[1]) Siehe auch unter Achsantrieben.

Antriebskraft diese in einem anderen Verhältnis auf die Vorder- und Hinterachse verteilen.

Das genau zu erreichen, ist kaum möglich, man hilft sich dann antriebsseitig dadurch, daß die Drehmomente für Vorder- und Hinterachse in einem festen Verhältnis verteilt werden, das etwa dem theoretischen Verhältnis bei ungünstigen Betriebsbedingungen entspricht, wo es eben auf die volle Ausnützung der Reibungsgewichte ankommt. Das zwischen Vorder- und Hinterachse geschaltete Differential bildet man daher als Drehmomentenverteiler aus, so daß es also nicht wie das normale Differential die Drehmomente auf beide Achsen wie 1 : 1 verteilt, sondern in dem geforderten Verhältnis $P_H' : P_V'$. Bild 19 zeigt z. B. ein Schema eines Stirnrad-Momentenverteilers. Rad *A* sitzt hinter dem Wechselgetriebe und treibt das Hauptrad *B*, das die Achsen der Planetenräder *C* trägt, die mit dem innenverzahnten großen Rad *D* des Hinterachsantriebes und dem außenverzahnten kleinen Rad *E* des Vorderachsantriebes kämmen. Die über die Planetenachse und das Planetenrad *C* wirkende Kraft wird daher gleichmäßig auf die beiden Zahnkränze *D* und *E* verteilt, es haben also die Räder *D* und *E* jeweils in ihrem Teilkreis gleiche Umfangskräfte *U*, so daß sich ihre Drehmomente ergeben zu $M_D = U \cdot d$ und $M_E = U \cdot e$ und sich verhalten wie *d* : *e*, wobei normalerweise die Drehzahlen von *D* und *E* dieselben sind, also die Planetenräder sich nicht um ihre eigene Achse drehen. Eine gegenseitige Verdrehung von *D* gegen *E* tritt hier also auch nur zum Ausgleich von Reifendurchmesser- und Schlupf-Differenzen der Hinterräder gegenüber den Vorderrädern auf und in den Kurven wegen verschiedener Kurvenspuren bzw. Radien. Um z. B. geländegängige Fahrzeuge für den normalen Straßenverkehr 1.) mit weniger Getriebeverlusten und 2.) auch schneller zu betreiben, wird dann gelegentlich z. B. das Rad *E* in Bild 19 von der Kardanwelle zu den Vorderrädern ausgekuppelt und gegen das Gehäuse feststehend eingekuppelt, wodurch die Drehzahl des Hinterradantriebes im Verhältnis $(d + e) : d$ vergrößert wird [129], vgl. dazu auch Abschnitt 14 D S. 51.

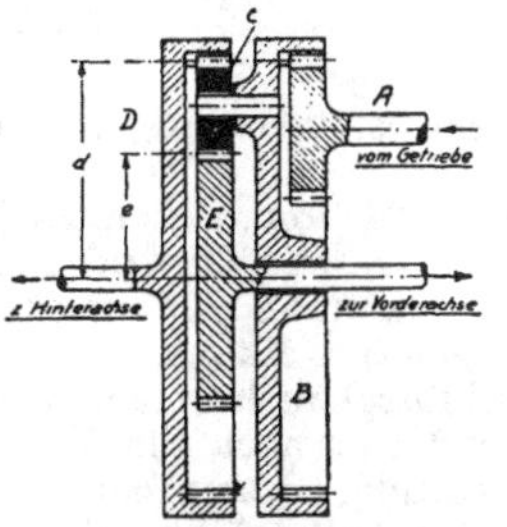

Bild 23. Schema eines Stirnrad-Drehmomenten-Verteilers für Vierrad-Antrieb

C. Bremsregler für Vierradbremsen (vgl. auch Abschnitt Bremsen).

Besonders wichtig ist die richtige Umfangskraft-Verteilung auf die Laufräder für das Bremsen. Hier kommt es viel häufiger auf volle Ausnutzung des Reibungsgewichtes an, weil die übertragenen Bremskräfte hier meist ein Vielfaches der normalen Triebkräfte sind und deshalb die Reibungsgrenzen sehr oft erreicht werden. Man versucht daher, sich durch Bremsregler den geforderten Bedingungen anzupassen. In Bild 24 oben ist der Rudge-Whitworth-Bremsregler schematisch dargestellt, er besteht aus einer

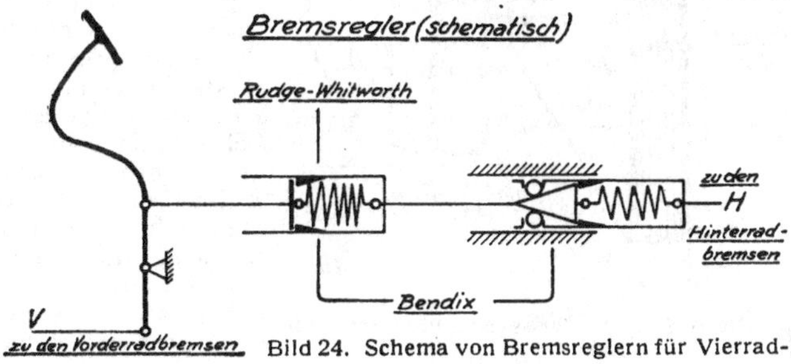

Bild 24. Schema von Bremsreglern für Vierrad-Bremse

vorgespannten Feder, die in das Bremsgestänge zu den Hinterrädern eingeschaltet wird. Wenn die Bremsbetätigungskraft im Gestänge die Federvorspannung überschreitet, gibt die Feder nach, so daß nur noch eine ganz geringe Bremskraftsteigerung (je nach Federcharakteristik) auf die Hinterräder kommt, während die Vorderradbremsen ihre starre Verbindung beibehalten, so daß der Pedaldruck zu einem verstärkten Anteil auf die Vorderräder geht. In Bild 25a ist der geforderte Verlauf von Vorderrad- und Hinterradbremskraft gezeigt, daneben (*b*) der Verlauf bei starrer (bisher normaler) Bremskraftverteilung, während in Bild 25c die Wirkung des Rudge-Whitworth-Bremsreglers dargestellt ist. Bei dem Bendix-Bremsregler,

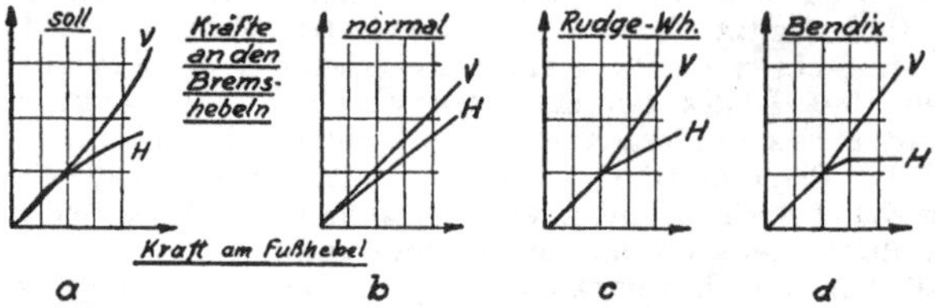

Bild 25. Bremshebelkräfte an den Vorder- und Hinterrädern bei Vierrad-Bremsen

Bild 24 unten, kommt außer der vorgespannten Feder noch ein Klemmgesperre zur Anwendung, wodurch bei einer bestimmten, durch die Federvorspannung im Gesperre einstellbaren Kraft, das Hinterachsbremsgestänge gegen den Rahmen verklemmt wird, so daß die Kraft am Hinterradbremsschlüssel nicht mehr gesteigert werden kann, also konstant bleibt, während nur noch die Vorderradbremskraft zunimmt, vgl. Bild 25d. In der Wirkung entsprechende Bremsregler wurden auch für Öldruckbremsen [92] entwickelt. Allgemein geben die Bremsregler die Möglichkeit, sich den Forderungen nach stetiger Änderung der Bremskraftverteilung ziemlich weitgehend anzupassen. Welche Reglerart anzuwenden ist, richtet sich nach den im einzelnen Falle vorliegenden Verlauf der Sollkurven (vgl. Bild 25a).

6. Die sogenannte Schrecksekunde und die praktischen Bremswege.

Für die Beurteilung der praktisch kürzesten Entfernung, auf der ein Wagen zum Stillstand gebracht werden kann, kommt es nicht nur auf den eigentlichen Bremsweg an. Es müssen vielmehr auch alle Vorgänge vom Auftauchen der Gefahr bis zum Beginn der Bremsung mit berücksichtigt werden. Von einem plötzlich auftauchenden Hindernis kann der Fahrer so überrascht werden, daß er erschreckt und in Verwirrung gerät, worüber dann eine gewisse Zeit, nämlich die Schreckzeit vergeht, bis er wieder in der Lage ist, normal zu reagieren. Diese Schreckzeit sollte im allgemeinen durch angespannte Aufmerksamkeit, die auf alles gefaßt ist und daher so leicht durch nichts überrascht werden kann, möglichst ganz vermieden werden. Dies um so mehr, da

Bild 26. Die Aufteilung der sogenannten Schrecksekunde

die nun folgenden Reaktions- und Betätigungszeiten unvermeidbar sind und für sich alleine schon eine ziemliche Erhöhung der Gefahr bedeuten. Wird also der Fahrer durch ein plötzlich auftauchendes Hindernis nicht erst erschreckt, so kann seine Reaktion sofort einsetzen, d. h. sein Gehirn wird zunächst das optische Bild als Gefahrenmoment erfassen und sofort die Maßnahmen zur Vermeidung der Gefahr überlegen und, falls es die Forderung nach möglichst plötzlichem Halten erkennt, die diesem Zwecke dienenden Bewegungen einleiten. Die darüber vergangene Zeit ist die Reaktionszeit des Fahrers (seine sogenannte „lange Leitung"). Es beginnt dann die Betätigungszeit, in der z. B. der rechte Fuß vom Gashebel zurückgenommen, auf den Bremshebel hinübergesetzt und dieser dann soweit durchgetreten wird, bis die eigentliche Bremsung beginnt. Eine Darstellung der einzelnen Zeiten und Wege zeigt Bild 26.

Zur Feststellung der Reaktions- und Betätigungszeiten wurden im Rahmen der Standard-30-Tage-Fahrt 1931 auf dem Nürburgring über dreihundert Prüfungen an 60 Berufsfahrern vorgenommen. Dabei ergaben sich bei den einzelnen Fahrern je nach Disposition Zeiten von 0,3 bis 2,5 Sekunden für Reaktions- und Betätigungszeiten zusammen und als Mittelwert dafür 1 Sekunde, vgl. Bild 27, dabei gehören die durch die Unterstreichungen zusammengefaßten Werte jeweils zu einem Fahrer. Beachtlich war ein Fall, in dem ein Fahrer von 1,6 Sekunden durch bequemere Einstellung der Fußhebel und Übung der Betätigungsbewegungen auf 0,4 Sekunden, also auf ein Viertel seiner ersten Reaktions- und Betätigungszeit kam. Hierdurch brachte er also bei einer Fahrgeschwindigkeit von 60 km/h seinen Wagen 20 m früher zum Stehen, woraus die große Bedeutung dieser Zeitersparnis hervorgeht. Allgemein ist zu beachten, daß immer etwa eine Sekunde für Reaktion und Betätigung gebraucht wird [105]. Daher kommt es, daß man von dieser Sekunde oft fälschlicherweise als Schrecksekunde spricht. Es ist im einzelnen Falle also genau zu klären, ob neben der unvermeidlichen Reaktions- und Betätigungszeit noch eine zusätzliche Schrecksekunde zugestanden werden kann. Der praktische Bremsweg ergibt sich dann aus dem noch mit voller Fahrgeschwindigkeit während der Schreck-, Reaktions- und Betätigungszeit durchfahrenem Vorbremsweg und dem eigentlichen Bremsweg. Der Vorbremsweg s_V ergibt sich aus

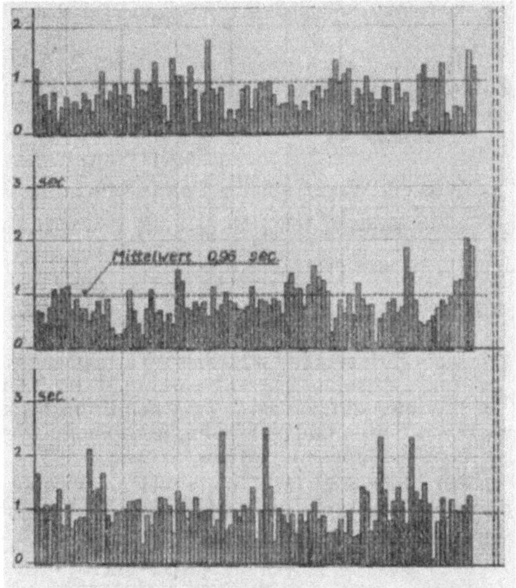

Bild 27. Reaktions- und Betätigungszeiten zusammen, nach Messungen während der Standard-30-Tage-Fahrt auf dem Nürburgring

$$s_V = \frac{V \cdot t_v}{3{,}6} \quad \text{m} \qquad (42)$$

darin bedeutet t_v = Vorbremszeit in sek., sie umfaßt die Summe von Schreckzeit, Reaktionszeit und Betätigungszeit. Der Bremsweg selbst ergibt sich gemäß Gleichung (10) und Bild 9 zu

$$s = \frac{V^2}{25{,}92 \cdot b} \quad \text{m} \qquad (43)$$

In Bild 28 sind Vorbremsweg und Bremsweg zusammen dargestellt. So ergibt sich z. B. bei einer Fahrgeschwindigkeit von 72 km/h und einer Vorbremszeit von $t_v = 1$ sek ein Vorbremsweg von $s_v = 20$ m und dazu bei einer mittleren Verzögerung von 6 m/sek² ein Bremsweg von $s = 33{,}5$ m, so daß damit der praktische Bremsweg insgesamt 53,5 m wird.

Ob beim Bremsen auszukuppeln ist, das richtet sich nach der Größe der Verzögerung [106]. Bei scharfem Bremsen muß immer ausgekuppelt werden. Die Grenze für das Auskuppeln liegt bei

$$-b_{gr} = g \cdot \frac{\Delta p'}{\sigma} \qquad (44)$$

darin bedeuten: $-b_{gr}$ = Bremsverzögerungsgrenze m/sek²,
$\Delta p'$ = Differenz der Einheitstriebkräfte zwischen Motorleerlauf, eingekuppelt und Freilauf bzw. ausgekuppelt, vgl. Seite 60, Bild 72, schraffierter Teil.
σ = Verhältnis der reduzierten rotierenden Massen des Motors zu den translatorischen Massen (vgl. Gleichung (9a)).

$$\sigma = \frac{\varphi^2 \cdot J_m}{J_t + r^2 \cdot G/g} \qquad (44a)$$

Über die Anforderungen an die Bremsen vergleiche die Straßenverkehrs-Zulassungs-Ordnung — St. V. Z. O. — vom 13. 11. 1937 § 41. [7]

7. Bremswärme.

Wird der Wagen aus der Fahrgeschwindigkeit V_0 bis zum Stillstand abgebremst, so wird dabei die gesamte Bewegungsenergie $A = \frac{m \cdot v^2}{2}$ m kg in Wärme umgesetzt.

$$Q = \frac{m' \cdot V_0^2}{11065} \text{kcal} \,. \qquad (45)$$

Zu einem geringen Teil wird diese Wärmemenge durch die Triebwerks-, Laufrad- und Luftreibung erzeugt, während der Hauptteil durch das eigentliche Bremsen entsteht, und zwar zwischen Bremsbacken und Bremstrommel sowie zwischen Reifen und Fahrbahn, je nachdem wie sich die Gleitbewegung auf diese beiden Stellen verteilt.

Für Bremsung im Gefälle bei konstanter Fahrgeschwindigkeit V ist die Gefälleleistung (vgl. Gleichung 8) $N_s = \gamma \cdot G_v \cdot \sin\alpha \cdot V/270$ PS und die dieser Leistung entsprechende sekundlich erzeugte Wärmemenge

$$Q_s = \frac{\gamma \cdot G_v \cdot \sin\alpha \cdot V}{1537} \text{kcal/sek} \,. \qquad (46)$$

Da diese Wärmemenge dauernd erzeugt wird, muß sie auch dauernd abgegeben werden, wobei es darauf ankommt, daß die Gleichgewichtstemperatur nicht zu hoch wird. Im Grenzfall wird bei 30% Gefälle und $\gamma = 1$

$$Q_{s\max} = \frac{G_v \cdot V}{5350} \text{kcal/sek} \,. \qquad (46a)$$

Soll im NFD (vgl. Abschnitt 19, S. 58) eine Einheitstriebkraft p_f' abgebremst werden, die durch Gefälle oder Verzögerung entstehen kann, so ist die damit erzeugte Wärmemenge

$$Q = \frac{p_f' \cdot \gamma \cdot G_v \cdot V}{1537} \text{kcal/sek} \,. \qquad (46b)$$

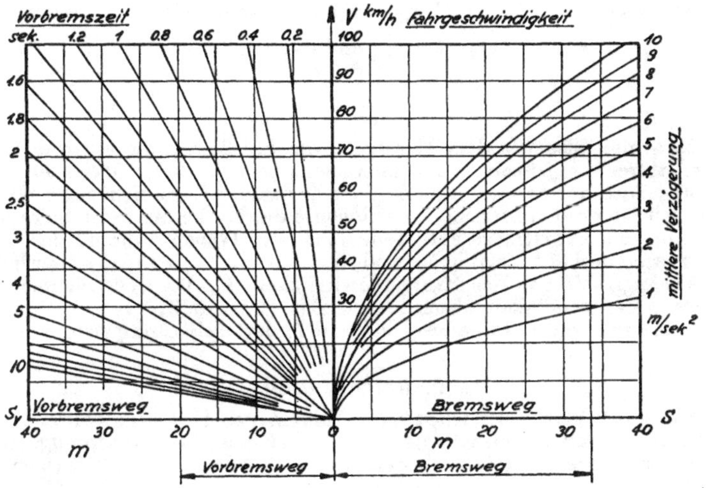

Bild 28. Vorbremsweg und Bremsweg aus Vorbremszeit, Ausgangs-Fahrgeschwindigkeit und mittlerer Bremsverzögerung

8. Überholungswege.

In Bild 29 ist schematisch ein Überholungsvorgang dargestellt, und zwar links der Zustand vor dem Überholen, in der Mitte während des Überholens und rechts nach erfolgtem Überholen. Vor dem Überholen (links) kann sich der schneller fahrende Wagen bis auf den Abstand a_1 dem langsameren Wagen nähern, dieser Abstand ist so groß zu wählen, daß bei Behinderung der Überholung die Fahrgeschwindigkeit noch auf die Fahrt des langsameren Wagens ermäßigt werden kann und man auch zu dem evtl. plötzlich bremsenden Vordermann noch positiven Abstand einhalten kann. Nach Beendigung der Überholung (rechts) kann man sich in einem Abstand a_2 vor dem Überholten wieder in die rechte Fahrbahn einreihen. Für die Wahl des Abstandes a_2 gilt dabei sinngemäß dasselbe wie oben für a_1. Aus Bild 29 erkennt man nun noch, daß sich der relative Überholungsweg u außer aus den beiden Sicherheitsabständen a_1 und a_2 noch aus den beiden Wagenlängen l_1 und l_2 zusammensetzt, also

$$u = a_1 + a_2 + l_1 + l_2 \quad (47)$$

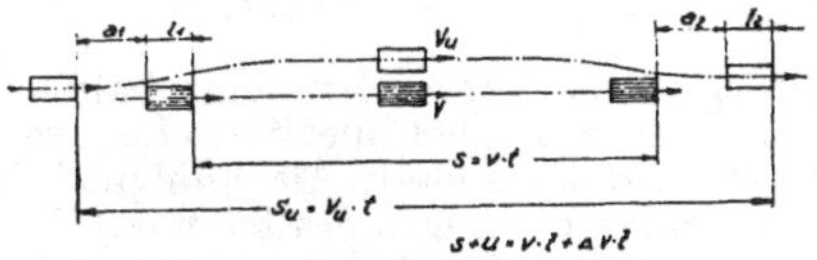

Bild 29. Darstellung des Überholungsweges

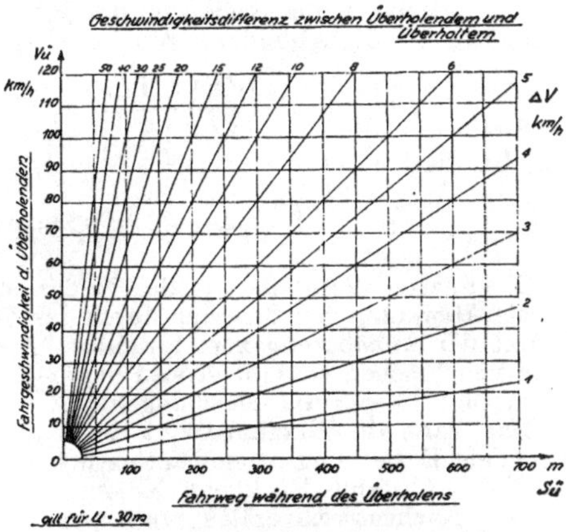

Bild 30. Beispiel für Überholungswege in Abhängigkeit von der Überholungs-Fahrgeschwindigkeit und der Fahrgeschwindigkeits-Differenz

Es ist ferner $s_u = s + u$ und $v_u = v + \Delta v$, woraus sich dann ergibt (vgl. Bild 29): $u = \Delta v \cdot t$ bzw. $t = \frac{u}{\Delta v}$ und damit

$$s_u = \frac{v_u \cdot u}{\Delta v} = u \cdot \frac{V_u}{\Delta V} \tag{48}$$

Man muß also vor dem Überholen die Straße auf die gesamte Überholungsstrecke s_u übersehen können, will man gefahrlos überholen. Dies reicht jedoch nur dann, wenn der Verkehr aus der Gegenrichtung nicht berücksichtigt werden braucht, da sich sonst die Forderung freier Sicht auch noch um die Fahrstrecke entgegenkommender Wagen während der Überholungszeit t erhöht. In Bild 30 sind die Fahrwege während des Überholens in Abhängigkeit von der Fahrgeschwindigkeit V_u des Überholenden und seines Geschwindigkeitsüberschusses ΔV dargestellt, wobei $u = 30$ m vorausgesetzt wurde. Für andere u-Werte ändert sich s_u proportional mit u.

9. Kolonnenfahrt.

Fährt der Wagen als Glied einer Kolonne, so fällt dem Fahrer immer mehr die Funktion eines Reglers zu, da er dann sein Hauptaugenmerk darauf zu richten hat, je nach der Fahrgeschwindigkeit den richtigen Ab-

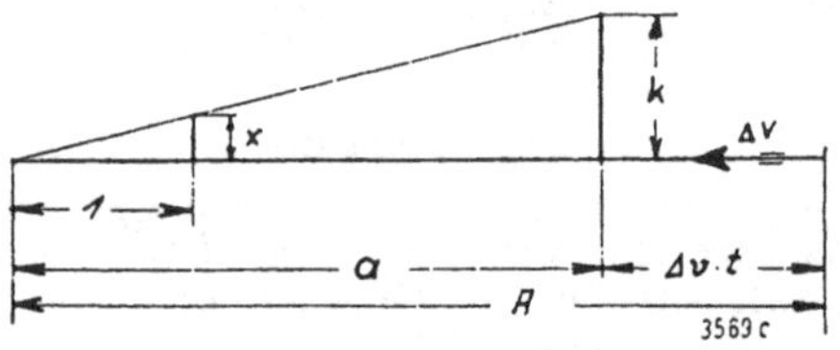

Bild 31. Zur Ableitung der relativen Bildvergrößerung

stand zu seinem Vordermann einzuhalten. Dazu muß er die Entfernungen richtig schätzen können und vor allem rechtzeitig erkennen können, wenn sich der Abstand ändert. Als Fühlglied der Regelanlage dienen hier also gewissermaßen die Augen des Fahrers. Wenn der Abstand A sich verringert, so vergrößert sich das Bild des vorweg fahrenden Wagens in unserem Auge. Nun kommt es für die Erkennbarkeit darauf an, mit welcher Geschwindigkeit die relative Größenänderung des Bildes vor sich geht. Nach Bild 31 ergibt sich für die Abbildung von Strecken

$$\left(\frac{dx}{dt}\right) \cdot \frac{1}{x} = p_K = \frac{\Delta v}{a} . \tag{49}$$

Für die Flächen wird

$$\left(\frac{d(x^2)}{dt}\right) \cdot \frac{1}{x^2} = p_F = 2 \cdot \frac{\Delta v}{a} . \tag{50}$$

Die relative Vergrößerung des Bildes im Auge je Zeiteinheit ist also für die Abbildung von Strecken durch das Verhältnis der Relativgeschwindigkeit der Annäherung zum jeweiligen Abstand gegeben, für die Abbildung von Flächen verdoppelt sich dieser Wert.

In Bild 32 sind die Gleichungen (49) und (50) graphisch dargestellt.

Man kann die Erkennbarkeit der Abstandsverkleinerung noch durch besondere Entfernungsmesser unterstützen, [107 bis 111] z. B. auch durch das Notek-Abstands-Rücklicht (Kolonnenfahrgerät), das als Teil des Kraftfahrzeug-Nachtmarschgerätes von der Versuchsabteilung für Heeresmotorisierung in Wünsdorf im Zusammenarbeit mit der Nova-Technik G. m. b. H., München, entwickelt wurde.

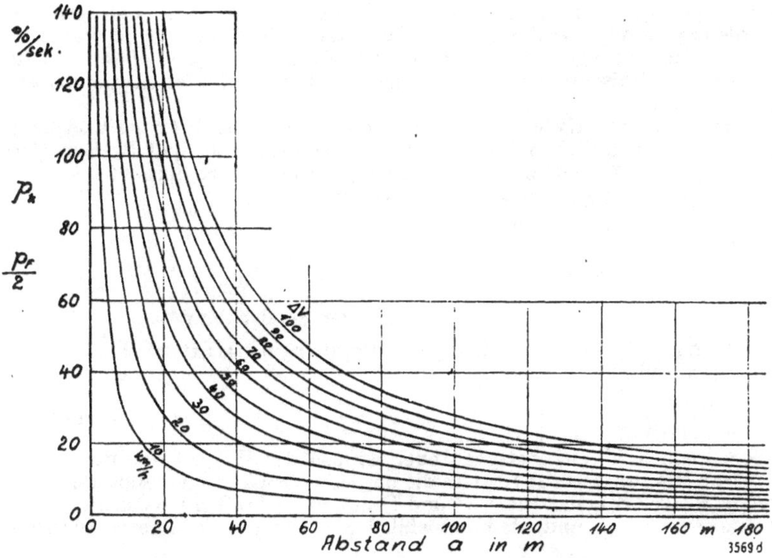

Bild 32. Sekundliche relative Bildvergrößerung p in Abhängigkeit vom jeweiligen Abstand a und der Relativgeschwindigkeit ΔV (als Parameter)

Das Abstandsgerät besteht aus vier schwach grün erleuchteten kleinen Lampenfenstern, die gemäß Bild 33 nebeneinander angeordnet sind. Seine Wirkung besteht in der Ausnützung der physiologischen Eigenschaft des menschlichen Auges, zwei Punkte nur dann getrennt zu sehen, wenn ihr Winkelabstand größer als eine Winkelminute ist. Da die Abstände zwischen den äußeren Fenstern des Kolonnenfahrgerätes nun

Bild 33. Anordnung der Lampenfenster beim Notek-Nachtmarschgerät

geringer sind als der Abstand der beiden mittleren Fenster, so werden mit wachsender Entfernung des beobachtenden Auges zunächst die schmalen äußeren Zwischenräume nicht mehr sichtbar bleiben, so daß nur noch zwei Leuchtfelder beobachtet werden können. Bei noch größerem Abstand verschwindet dann auch die Sichtbarkeit des größeren mittleren dunklen Zwischenraumes zwischen den Fenstern, so daß dann für den Beobachter der Eindruck eines einzigen Leuchtfeldes entsteht.

Es sei auch noch erwähnt, daß das Auge gegen schwaches grünes und blaues Licht empfindlicher ist als gegen schwaches gelbes oder rotes Licht, weshalb für das Abstandgerät auch grün leuchtende Fenster gewählt wurden. Es wird für den Kraftverkehr mit der Zeit ein immer dringenderes Bedürfnis werden, auch am Tage einen zuverlässigen Entfernungsmesser zur Verfügung zu haben.

Es kommt nicht nur darauf an, daß der Fahrer möglichst früh eine Abstandsverringerung überhaupt erkennt, sondern auch daß er die Größe der Verzögerung des Vorderwagens richtig einschätzen kann.

Die Betätigung des Bremshebels wird zwar durch das Bremslicht angezeigt, aber daraus ist erstens die Stärke der Bremsung noch nicht zu erkennen und zweitens muß auch mit der Möglichkeit seines Versagens gerechnet werden. Es wird sich später noch die Notwendigkeit ergeben, das Überschreiten eines bestimmten Bremsdruckes oder besser einer Verzögerungsgrenze noch zusätzlich durch besondere Lichtzeichen nach hinten kenntlich zu machen, damit der Hintermann entsprechend rechtzeitig seine Bremsen voll ausnützen kann. Je mehr derartige Signale gegeben werden, je größer wird natürlich dann auch die Gefahr beim Versagen solcher Einrichtungen, d. h. daß die Betriebszuverlässigkeit dieser Signale im gleichen Maße steigen muß, wie sie dem Fahrer die Verantwortung abnehmen sollen.

Im Kolonnenverkehr setzt sich also die Sicherheitszeit t nach Gleichung (2), vg. Bild 1, zwischen Bremsbeginn des Vorderwagens und Bremsbeginn des folgenden Wagens zusammen aus (vgl. Abschnitt 6, Seite 22)

1. der Erkennbarkeitszeit und unter Umständen
2. der Schreckzeit, sowie
3. der Reaktionszeit und
4. der Betätigungszeit.

10. Rutsch- und Kippgrenzen in der Kurve.

Beim Durchfahren einer Kurve vom Radius r (in m) tritt eine Fliehkraft C (in kg) auf von der Größe

$$C = \frac{G'}{g} \cdot \frac{v^2}{r} \tag{49}$$

Diese kann u. U. ein Rutschen oder Kippen des Wagens bewirken.

Der Wagen rutscht, wenn die im Schwerpunkt angreifende Resultierende R_R aus Wagengewicht G' und Fliehkraft C_R außerhalb des aus Überhöhungswinkel β und Reibungswinkel $\varrho = \operatorname{arc\,tg} \mu$ gebildeten Winkels

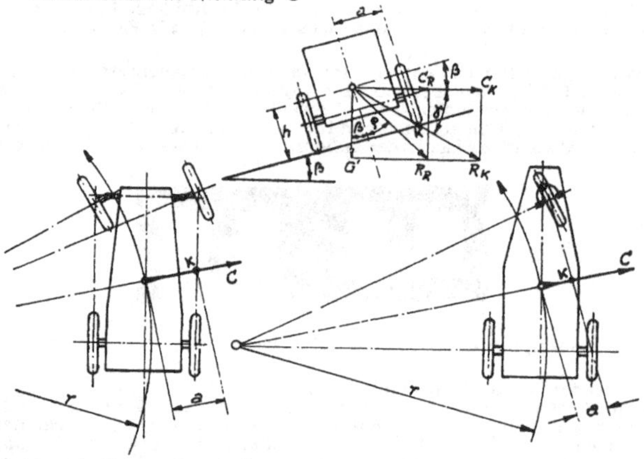

Bild. 34. Darstellungen für die Rutsch- und Kippgrenzen in der Kurve

$(\beta + \varrho)$ gegenüber der Vertikalen wirkt, vgl. Bild 34. Im Grenzfall ist dann also $C_R : G' = \operatorname{tg}(\beta + \varrho)$.

Die Grenzgeschwindigkeit V_R für das Rutschen ist demnach

$$V_R = 11{,}3 \cdot \sqrt{r \cdot \operatorname{tg}(\beta + \varrho)} \ \text{km/h} \tag{50}$$

Hierbei ist dann allerdings vorausgesetzt, daß sich die Fliehkraft auf die Achsen im Verhältnis der Achsdrücke verteilt, und daß keine sonstigen Kräfte, also weder Antriebs- noch Bremskräfte, von den Rädern übertragen werden. Trifft diese Voraussetzung nicht zu, so ist die Fliehkraft- bzw. Seitenkraftverteilung auf die einzelnen Achsen zu ermitteln (vgl. S. 30) und dann für jedes Rad der Kraftschluß zu prüfen (vgl. Abschnitt 4, S. 10).

Der Wagen kippt, wenn die im Schwerpunkt angreifende Resultierende R_K aus Wagengewicht G' und Fliehkraft C_K außerhalb der äußeren

Verbindungslinien der Radauflagepunkte die Straße trifft, sofern der Wagen nicht schon vorher ins Rutschen kommt. Im Grenzfall geht also bei Fahrzeugen gleicher Spurweite vorn und hinten die Resultierende durch die Spur, in Bild 34 also durch den Punkt K. Dafür gilt dann $\operatorname{tg} \gamma = G' : C_K$ und $\operatorname{tg}(\beta + \gamma) = h : a$ und daraus

$$\operatorname{tg} \gamma = \operatorname{tg}\left(\operatorname{arc} \operatorname{tg}\frac{h}{a} - \beta\right) = \frac{G'}{C_K} = \frac{r \cdot g}{v_K^2}$$

Die Grenzgeschwindigkeit V_K für das Kippen ist demnach

$$V_K = 11{,}3 \cdot \sqrt{r \cdot \operatorname{cotg} \gamma} = 11{,}3 \cdot \sqrt{r \cdot \frac{a + h \cdot \operatorname{tg} \beta}{h - a \cdot \operatorname{tg} \beta}} \quad \text{km/h} \qquad (51)$$

In der nicht überhöhten Kurve, also für $\beta = 0$, vereinfacht sich Gleichung (51) zu

$$V_K = 11{,}3 \cdot \sqrt{\frac{r \cdot a}{h}} \qquad (51a)$$

Bei Dreiradfahrzeugen, bei denen also die eine Spurweite null ist, verläuft die Kippkante, d. h. die Verbindungslinie der Radauflagepunkt nicht parallel zur Fahrzeugachse, so daß auch noch die in Richtung der Wagenlängsachse auftretenden Kräfte auf das Kippen von wesentlichem Einfluß sind. Bei vornliegendem Einzelrad würde also in der Kurve ein Bremsen die Kippgefahr vergrößern. Anderseits kann man bei Dreiradfahrzeugen die Kippgefahr bei gelenktem Einzelrad dadurch vermindern, daß sich beim Einschlagen des Rades der Radauflagepunkt seitlich von der Wagenlängsachse nach der Kurvenaußenseite verschiebt, vgl. Bild 34.

11. Wirkung der Lage von Antrieb, Bremsen und Lenkung.

Betrachten wir zunächst die Geradeausfahrt, so ergibt sich Bild 35. Darin sind die an den Rädern wirkenden Kräfte mit den im Schwerpunkt angreifenden Gegenkräften dargestellt. Hierbei ist es dann auch so, daß die blockierenden oder durchrutschenden Räder ihre Seitenkraftkomponenten verlieren und daher seitlich auszuweichen suchen. Zwar sind die labilen Fälle bezüglich des Achsdruckes im Vorteil, da er hier für die arbeitende Achse anwächst, während in den stabilen Fällen die arbeitende Achse entlastet wird. Vierrad-Antrieb und Vierradbremse war schon in Bild 14 für Geradeausfahrt dargestellt und dort, Abschnitt 4, S. 12, besprochen. Für die Kurvenfahrt muß die Wirkung der Lage von Antrieb und Bremse für gelenkte Vorderräder und gelenkte Hinterräder getrennt untersucht

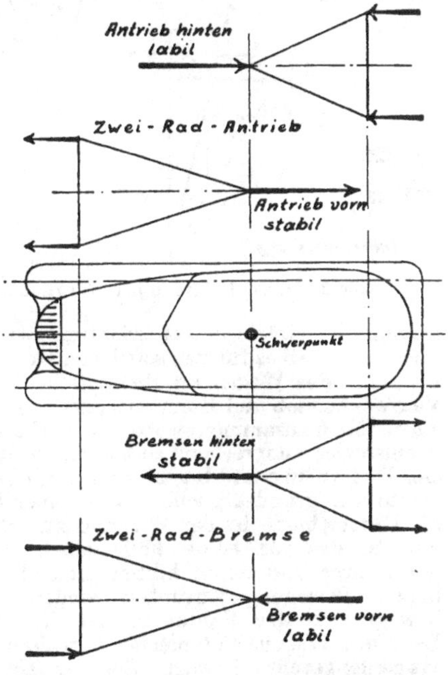

Bild 35. Fahrstabilität bzw. Schleuderneigung bei Zweirad-Antrieb und Zweirad-Bremse für Geradeausfahrt

werden. Bild 36a zeigt einen hinterradgelenkten und Bild 36b einen vorderradgelenkten Wagen in der Kurve. Es ist die im Schwerpunkt angreifende Fliehkraft C eingetragen, zu der in Fliehkraftrichtung noch die Seitenkomponenten vom Antrieb oder vom Bremsen algebraisch addiert werden, um so die resultierenden Seitenkräfte S zu erhalten, deren Werte oben in den Bildern angegeben sind. Diese Seitenkräfte verteilen sich dann auf die Achsen, wie es unten auf den Bildern gezeigt ist. Wir erkennen, daß auch hier Vorderradantrieb und Hinterradbremse im Vorteil sind, da ihre Seitenkomponenten der Fliehkraft entgegenwirken. Man könnte nun daraus folgern, daß der frontgetriebene Wagen mit Vollgas und angezogener Hinterradbremse am sichersten durch die Kurven ginge, vergißt aber dabei, daß durch die Über-

Resultierende Seitenkraft S	
Antrieb vorn	$S_{AV} = C - A_V \cdot \sin \varepsilon$
Antrieb hinten	$S_{AH} = C + A_H \cdot \sin(\delta - \varepsilon)$
Bremsen vorn	$S_{BV} = C + B_V \cdot \sin \varepsilon$
Bremsen hinten	$S_{BH} = C - B_H \cdot \sin(\delta - \varepsilon)$

Resultierende Seitenkraft S	
Antrieb vorn	$S_{AV} = C - A_H \cdot \sin(\delta - \varepsilon)$
Antrieb hinten	$S_{AH} = C + A_H \cdot \sin \varepsilon$
Bremsen vorn	$S_{BV} = C + B_V \cdot \sin(\delta - \varepsilon)$
Bremsen hinten	$S_{BH} = C - B_H \cdot \sin \varepsilon$

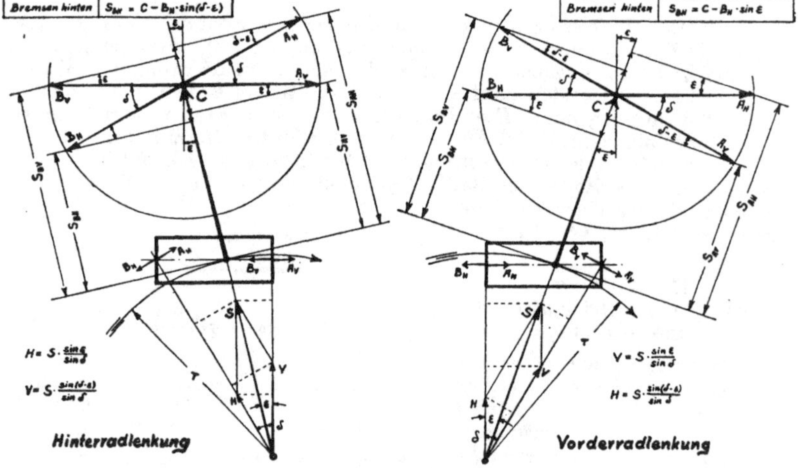

Bild 36 (a, b). Kräfte in der Kurve, Zusammensetzung und Zerlegung

tragung der Kräfte in Fahrtrichtung die erreichbaren Seitenkräfte geringer werden, so daß es für den seitlichen Kraftschluß doch immer noch das beste ist, wenn der Wagen im Freilauf die Kurve nimmt. Die Verhältnisse für Vierrad-Antrieb und Bremsen setzen sich jeweils aus den oben beschriebenen Einzelfällen zusammen, wobei die Wirkung von Drehmomentenverteiler und Bremsregler entsprechend zu berücksichtigen ist, vgl. Abschn. 5 — S. 19. Aus den Bildern 36 a und b geht auch noch hervor, daß in Bezug auf die Seitenkräfte kein grundsätzlicher Vorteil einer Lenkungsart zu erkennen ist. Um die Unterschiede in der Wirkung zu erkennen, betrachten wir Bild 37a und b, das für beide Fälle einen Wagen in der Kurve zeigt. Für den Fahrer und einen hinten sitzenden Fahrgast sind die augenblicklichen Bewegungsrichtungen eingetragen. Bei der Vorderradlenkung bewegt sich der Fahrer in der Kurve schräg nach innen, also dem Lauf des Wagens entsprechend, während der Fahrgast sich stets in der Wagenlängsachse bewegt. Bei der Hinterradlenkung hingegen hat der Fahrer Richtung nach außen aus der Kurve hinaus und der Fahrgast noch stärker, so daß der Fahrgast, der auf das Steuer keinen Einfluß hat, die stärkste Wirkung der Kurven empfindet und andererseits der Fahrer, zumal wenn er über der Vorderachse sitzt, kaum etwas von der Kurve spürt, also auch kein Gefühl dafür haben kann. Wie die eingetragenen Spuren zeigen, kann bei Vorderradlenkung die äußere und bei Hinterradlenkung die innere Spur genau übersehen werden, während der Fahrer den Platzbedarf nach der anderen Richtung abschätzen muß. Am deutlichsten wird der Unterschied noch, wenn man, wie in Bild 37 über den Kurven dargestellt, die Kurve durch zwei gerade Fahrstrecken und eine Schwenkung des Wagens ersetzt. Bei Vorderradlenkung macht der Fahrer vorn die Schwenkung mit und kann die Bewegung genau übersehen, während bei Hinterradlenkung der Fahrer sich etwa auf der Stelle dreht, und das Wagenheck hinten herumschwenkt, was er bei normaler Blickrichtung nicht übersehen kann. Wir erkennen daran, daß es kein Zufall ist, wenn die vornliegende Lenkung vom vornliegenden Drehschemel der Pferdewagen nicht nur übernommen, sondern auch beibehalten wurde.

Für die Fahrt im Gelände ist es von Bedeutung, daß die Vorderradlenkung ebenso wie die Hinterradlenkung eine doppelte Kurvenspur ergibt, während bei Anwendung der Vierradlenkung die Hinterräder in der Spur der Vorderräder laufen können, vgl. Bild 37 c. Dies bedeutet je nach der Bodenbeschaffenheit u. U. eine erhebliche Leistungsersparnis. Deshalb wendet man für Geländewagen, meist in Verbindung mit dem Vierrad-Antrieb,

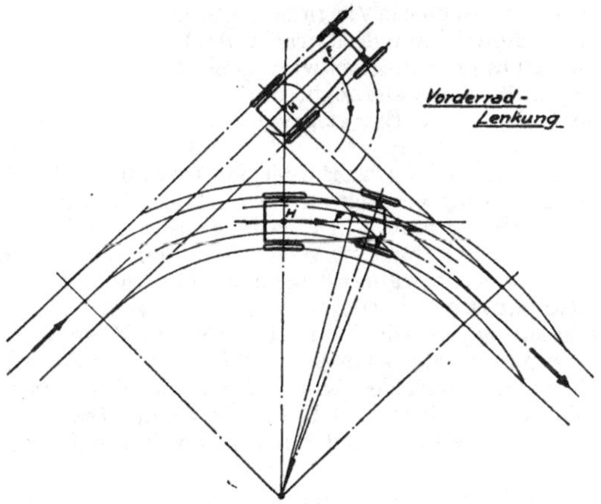

37a.

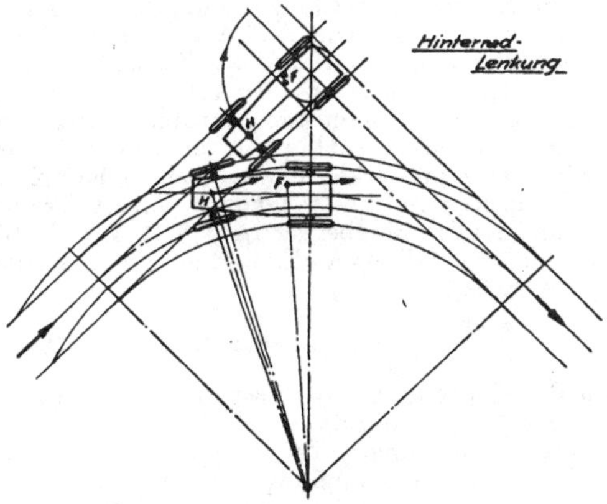

37b.

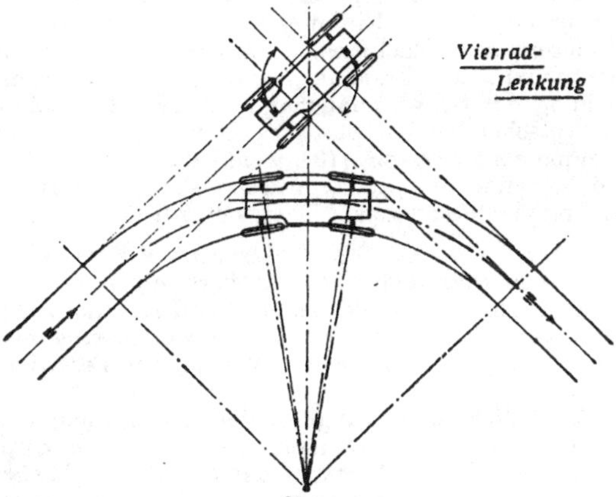

37c.

Bild 37 (a, b, c). Bewegungsverhältnisse in der Kurve

vorteilhaft auch die Vierradlenkung an, wodurch man außerdem noch den Vorteil größerer Wendigkeit erhält. Bei Fahrt auf der Straße, und zwar schon von etwa 20 km/h Fahrgeschwindigkeit an, bewirkt die Vierradlenkung dagegen eine große Schleuderneigung, die zur Abschaltung der Lenkung der Hinterräder, bzw. zur Blockierung ihrer Lenkung in Geradeausstellung zwingt. (Vgl. dazu Abschn. 5 B – S. 21, Drehmomentenverteiler für Vierrad-Antrieb, bei dem für Straßenfahrt auch der Antrieb für eine Achse ausgeschaltet wird.) Zur Erklärung betrachten wir nochmals Bild 37, und zwar die Bilder für die Zerlegung der Kurve in Geradeausfahrt und Drehung. Es zeigt sich, daß bei Vorderradlenkung der Wagen um den Mittelpunkt der Hinterachse geschwenkt wird, während bei der Hinterradlenkung die Drehachse durch den Mittelpunkt der Vorderachse geht. Vergleichen wir dazu Bild 37 c für Vierradlenkung, wo die Drehachse für die Relativdrehung durch den Wagenmittelpunkt geht, so ergibt sich daraus, daß bei Vierradlenkung das Massenträgheitsmoment des Kraftwagens um diese Drehachse seinen Kleinstwert mehr oder weniger erreicht und dabei nur etwa ein Viertel so groß ist, wie das Massenträgheitsmoment bei nur Zweiradlenkung.

12. Die mechanischen Beanspruchungen des Triebwerkes.

Für die festigkeitsmäßige Beurteilung der Getriebeteile genügt es nicht, das größte Drehmoment des Motors zugrundezulegen, sondern die zusätzlichen Drehmomente, die infolge Massenträgheit an sich in jeder Höhe auftreten könnten, müssen ebenfalls mit berücksichtigt werden. Eine Begrenzung der Drehmomente ist beim Kraftfahrzeug nur gegeben im Sinne von Sicherheits-Rutschkupplungen an den beiden Reibungs-Übertragungs-Stellen des Triebwerkes, nämlich an der Kupplung und an den Treibrädern.

Das größtmögliche Drehmoment an den Treibrädern ist durch Achsdruck $G'_{(x)}$ und Kraftschlußbeiwert μ (vgl. A. 4 — S. 10) begrenzt, von denen letzterer im Grenzfall etwa gleich Eins gesetzt werden kann. Damit wird dann für die Achsen:

$$M_{R\,\max} = \mu \cdot G'_{(x)} \cdot \frac{D}{2} = G'_{(x)} \cdot \frac{D}{2} \qquad \text{m kg} \qquad (52)$$

Für die Kardanwelle ist dieser Wert durch φ_h und für die Kupplungswelle durch $\varphi_h \cdot \varphi_g$ zu dividieren.

Das Grenzmoment der Kupplung ist durch Anpreßdruck und Reibungsbeiwert der Kupplung gegeben, wobei zu beachten ist, daß der Reibungsbeiwert bei schleifender Kupplung wesentlich geringer ist als bei haftender Kupplung (etwa bis zur Hälfte), so daß das höchste übertragbare Drehmoment beim Einkuppeln geringer ist als etwa das durch plötzliches Bremsen oder Blockieren eines Triebwerkteiles entstehende bei haftender Kupplung. Zur Erzielung größerer Anfahrbeschleunigung unter Heranziehung der Schwungradenergie vgl. S. 13ff. [126—128] wird das Moment der rutschenden Kupplung zweckmäßig auf das zweifache höchste Motordrehmoment begrenzt [13], womit dann das größte Kupplungsdrehmoment bei haftender Kupplung etwa bis zum vierfachen des höchsten Motordrehmomentes ansteigt. Demnach gilt für die Kupplungswelle

$$M_{K\,\max} = 4\, M_{M\,\max} \qquad (53)$$

Für die Kardanwelle ist dieser Wert mit φ_g und für die Achsen mit $\varphi_g \cdot \varphi_h$ zu multiplizieren. Meistens genügt diese Annahme. In besonderen Fällen, z. B. beim Vorliegen einer Getriebebremse, wird auch $M_{R\,\max}$ berechnet und der größere von beiden Werten der Festigkeitsberechnung zugrundegelegt.

Bezüglich der Häufigkeit der Beanspruchungen ist zu beachten, daß normalerweise die Drehmomente — auf die Kupplungswelle bezogen — unter dem Höchst-Drehmoment des Motors bleiben. Beim Anfahren bzw. beim Einkuppeln kann das doppelte Moment (je nach Einstellung der Kupplung) erreicht werden, während die größeren Werte nur unter Sonderbedingungen auftreten können, wie z. B. bis $M_{K\,max}$ durch scharfes Bremsen ohne auszukuppeln [106] oder Blockieren des Motors (durch Kolbenfresser o. ä.) oder Blockieren im Triebwerk für den zwischen Motor und Blockierungsstelle liegenden Triebwerksteil und bis $M_{R\,max}$ durch scharfes Bremsen mit der Getriebebremse oder durch Blockieren im Triebwerk für den zwischen Treibrädern und Blockierungsstelle liegenden Triebwerksteil.

13. Anfahrvorgang.

A. Normal-Anfahrvorgang. [126]

Da der praktische Anfahrvorgang durch die Einflüsse des Fahrers beim Kuppeln und Gasgeben nicht einheitlich verläuft, so hat man zur grundsätzlichen Klärung der Zusammenhänge einen Normal-Anfahrvorgang zugrunde gelegt. Bei stillstehendem Fahrzeug läuft der Motor mit einer bestimmten Drehzahl (ω_m)[1]. Das durch Anpreßdruck der Federn und Gleitreibungszahl gegebene konstante Kupplungsmoment kommt, dabei plötzlich voll zur Wirkung, während gleichzeitig der Motor sein volles Drehmoment abgibt. Das Moment der schleifenden Kupplung wirkt einerseits auf den Motor bremsend und andererseits auf das Fahrzeug antreibend; es ist größer als das über der Drehzahl konstant angenommene Motordrehmoment, so daß der konstante Fehlbetrag aus der kinetischen Energie des Motors (Schwungrad [125]) durch konstante Verzögerung seiner Drehzahl gedeckt wird. Da beim Anfahren der Luftwiderstand vernachlässigt werden kann, so wirken dem Kupplungsmoment fahrzeugseitig auch nur die kleineren konstanten Triebwerks- und Laufradwiderstände entgegen, so daß der konstante Uberschuß das Fahrzeug beschleunigt.

Dieser Zustand der gleichförmigen Verzögerung der Motordrehzahl und der gleichförmigen Beschleunigung des Fahrzeuges, der im Augenblick des Einkuppelns einsetzt, wird so lange bestehen bleiben, bis die fallende Motordrehzahl und die steigende Drehzahl der fahrzeugseitigen Kupplungshälfte die gleiche Höhe (ω_k) erreichen. In diesem Zeitpunkt hört das Schleifen der Kupplung auf, die Kupplung haftet, der Gleitreibungsbeiwert geht in den größeren Haftbeiwert über. War bisher das Kupplungsmoment der schleifenden Kupplung als äußeres Drehmoment auf den Anfahrvorgang bestimmend, so ist das von der haftenden Kupplung übertragene Drehmoment jetzt ein inneres Drehmoment der Wellenleitung, auf dessen Größe die Kupplung keinen Einfluß mehr hat. Der weitere Beschleunigungsverlauf ergibt sich also nur noch aus dem Motordrehmoment, vermindert um das Moment der Triebwerks- und Laufradwiderstände, wobei jetzt Schwungrad und Fahrzeug zusammen zu beschleunigen sind. Damit ergibt sich auch für diesen Abschnitt des Anfahrvorganges eine konstante Beschleunigung, vgl. Bild 38.

Der Normal-Anfahrvorgang rechnet bis zur Wiedererreichung der Ausgangs-Motordrehzahl; war sie kleiner als die maximale, so schließt sich an ihn noch ein weiteres Beschleunigungsstück mit ε_b; an, wodurch die mittlere Beschleunigung ε_{bm} erniedrigt wird. Die größte mittlere Beschleunigung ergibt sich also, wenn der Motor vor dem Einkuppeln bereits auf seine höchste Drehzahl gebracht wird. Die Zusammenhänge zeigt Bild 39. Aus den unter Bild 38 zusammengestellten Formeln ergibt sich, daß die Größe des Schwungrades und des Kupplungsmomentes der schleifenden Kupplung ohne jeden Einfluß auf die mittlere Beschleunigung und auf die Beschelunigungszeit des Normal-Anfahrvorganges sind. Es kommt aber auf den Beschleunigungsweg bzw. auf die mittlere Geschwindigkeit des Anfahrvorganges an. Der Weg s ergibt sich als Fläche unter dem Linienzug der Wagengeschwindigkeit in Bild 38, er wird bei konstanter mittlerer Beschleunigung am geringsten

[1]) Zur Vereinfachung der Gleichungen wurden statt der Drehzahlen n die Winkelgeschwindigkeiten ω und entsprechend für die Beschleunigungen b auch die Winkelbeschleunigungen ε eingesetzt. Es ist $\omega = \frac{\pi}{30} \cdot n = \frac{v}{r}$ und $\varepsilon = \frac{b}{r}$.

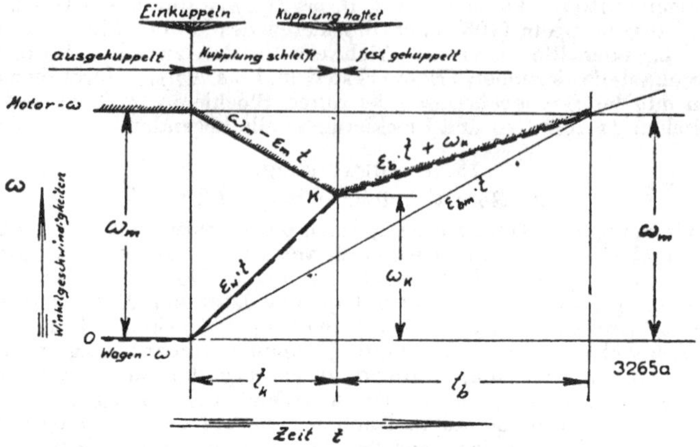

Bild 38. Zeit-Geschwindigkeitsplan des Anfahrvorganges

1. Motorseitige Kupplungshälfte

$$M_k = M_m - J_m \cdot \varepsilon_m \qquad \varepsilon_m = \frac{M_k - M_m}{J_m}. \qquad (54)$$

Darin bedeuten:

M_k = Kupplungsmoment bei schleifender Kupplung (μ_g) und voll wirksamem Kupplungsdruck (m · kg).

M_m = Motordrehmoment, maximales, über der Drehzahl als konstant angenommenes mittleres.

J_m = Trägheitsmoment des Motortriebwerkes samt Schwungrad und Motorkupplungshälfte (m · kg · sek²).

$-\varepsilon_m$ = Winkelverzögerung der Motordrehzahl nach dem Einkuppeln (sek⁻²).

2. Wagenseitige Kupplungshälfte

$$M_k = M_w + J_w \cdot \varepsilon_w \qquad (55)$$

$$\varepsilon_w = \frac{M_k - M_w}{J_w}.$$

Darin bedeuten:

M_w = Drehmoment der Triebwerkswiderstände und des Rollwiderstandes der Laufräder (m · kg), auf Kupplungswelle bezogen.

J_w = Trägheitsmoment der rotierenden Fahrzeugmassen und der reduzierten translatorischen Massen, auf Kupplungswelle bezogen (m · kg · sek²).

ε_w = Winkelbeschleunigung der fahrzeugseitigen Kupplungshälfte nach dem Einkuppeln (sek⁻²).

$$t_k = \frac{\omega_m}{\varepsilon_w - \varepsilon_m} \qquad (56)$$

$$\omega_k = \omega_m \cdot \frac{\varepsilon_w}{\varepsilon_w - \varepsilon_m}. \qquad (57)$$

Darin bedeuten:

t_k = Zeit vom Einkuppeln bis zum Haften der Kupplung, also die Zeit, in der die Kupplung schleift (sek)

ω_m = Winkelgeschwindigkeit der motorseitigen Kupplungshälfte vor dem Einkuppeln (sek⁻¹).

ω_k = Winkelgeschwindigkeit im Augenblick des Haftens beider Kupplungshälften (sek⁻¹).

$$M_m = M_w + (J_m + J_w) \cdot \varepsilon_b$$

$$\varepsilon_b = \frac{M_m - M_w}{J_m + J_w}. \tag{58}$$

$$t_b = \frac{\omega_m}{\varepsilon_b} \quad \frac{-\varepsilon_m}{\varepsilon_w - \varepsilon_m}. \tag{59}$$

Darin bedeutet:

t_b = Zeit vom Haften der Kupplung bis zum Wiedererreichen der Ausgangs-Motordrehzahl (ω_m) vor dem Einkuppeln (sek).

$$t_k + t_b = \omega_m \cdot \frac{J_w}{M_m - M_w}. \tag{60}$$

$$\varepsilon_{bm} = \frac{\omega_m}{t_k + t_b}$$

$$\varepsilon_{bm} = \frac{M_m - M_w}{J_w}. \tag{61}$$

$$\frac{\varepsilon_{wm}}{\varepsilon_{bm}} = \frac{b_m}{b_{m\,max}} = \frac{1}{1 + \frac{J_m}{J_w}\left(1 - \frac{\omega_m}{\omega_{m\,max}}\right)} \tag{62}$$

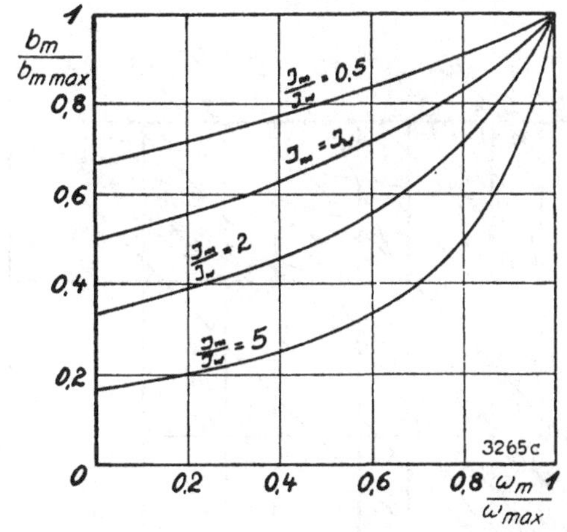

Bild 39. Einfluß der Ausgangsdrehzahl des Motors auf die mittlere Beschleunigung

$$\text{Mit } \frac{M_k}{M_m} = z; \ \frac{M_w}{M_m} = m; \ \frac{J}{J_m} = i. \tag{63}$$

$$\text{wird} \quad -\varepsilon_m = \frac{M_m}{J_m} \cdot (z - 1) \tag{64}$$

$$\varepsilon_w = \frac{M_m}{J_m} \cdot \frac{z - m}{i} \tag{65}$$

$$t_k = \omega_m \cdot \frac{J_m}{M_m} \cdot \frac{i}{(z + iz - i - m)} \tag{66}$$

$$\omega_k = \omega_m \cdot \frac{z - m}{(z + iz - i - m)} \tag{67}$$

$$\varepsilon_b = \frac{M_m}{J_m} \cdot \frac{1 - m}{1 + i} \tag{68}$$

$$t_b = \omega_m \cdot \frac{J_m}{M_m} \cdot \frac{i(z - 1)(1 + i)}{(z + iz - i - m)(1 - m)} \tag{69}$$

$$t_k + t_b = \omega_m \cdot \frac{J_m}{M_m} \cdot \frac{i}{(1 - m)}. \tag{70}$$

$$s_{min} = 0{,}5 \cdot \omega_m \cdot (t_k + t_b) \cdot r' \tag{71}$$

Darin bedeutet r' den auf die Motorwelle bezogenen wirksamen Triebradradius $\left(r' = \frac{r}{\varphi}\right)$.

Mit

$$\sigma = \frac{(z + iz - i - m) + z - 1}{(z + iz - i - m)} \tag{72}$$

wird der wirkliche Beschleunigungsweg

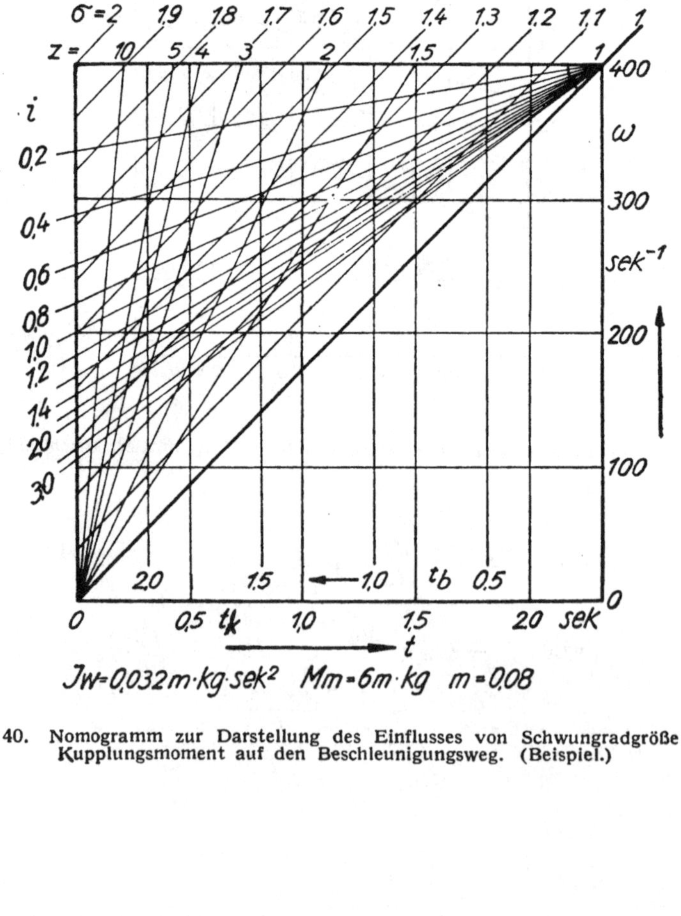

Bild 40. Nomogramm zur Darstellung des Einflusses von Schwungradgröße und Kupplungsmoment auf den Beschleunigungsweg. (Beispiel.)

$$s = s_{min} \cdot \sigma \qquad (73)$$

und die mittlere Fahrgeschwindigkeit während des Anfahrvorganges

$$v_m = \frac{s}{t_k + t_b} = 0{,}5 \cdot r' \cdot \omega_m \cdot \sigma. \qquad (74)$$

Diese Zusammenhänge lassen sich für ein Beispiel in dem als Nomogramm ausgebildeten Anfahrdiagramm Bild 40 verfolgen.

B. Energieverteilung.

In Bild 41 ist der Arbeitsplan des Anfahrvorganges dargestellt. Als Ordinaten sind die Leistungen eingetragen über der Zeit als Abszisse, so

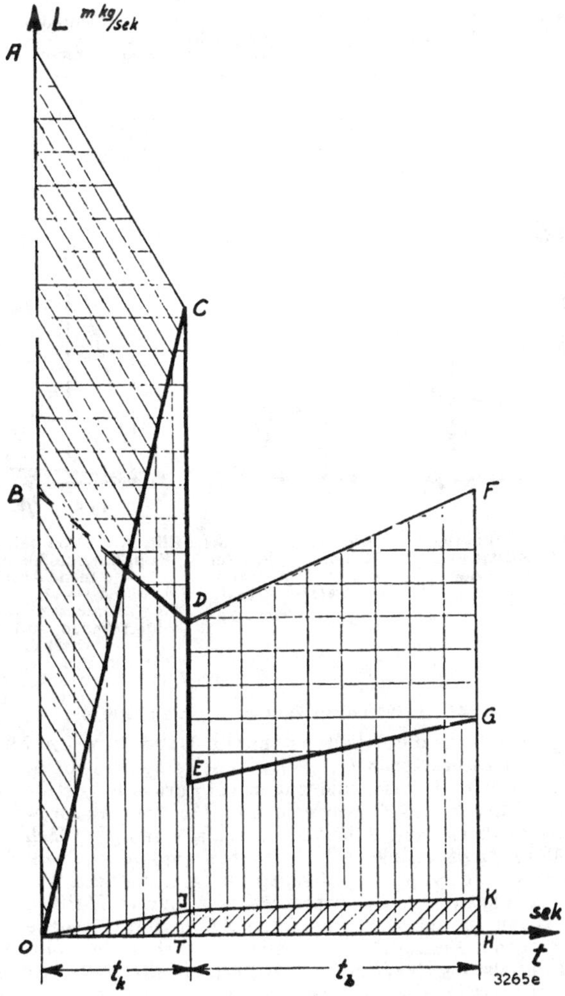

Bild 41. Arbeitsplan des Anfahrvorganges

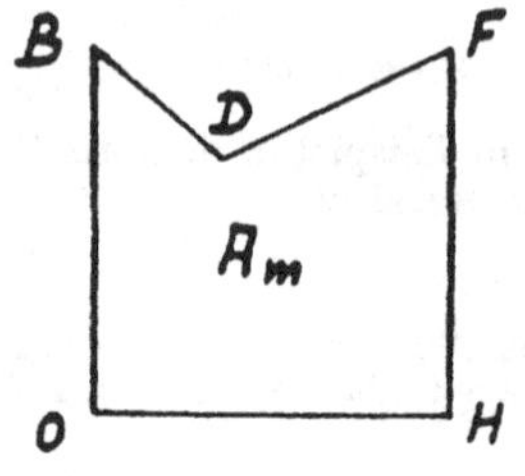

Bild 42a. Vom Motor erzeugte Arbeit (A_m)

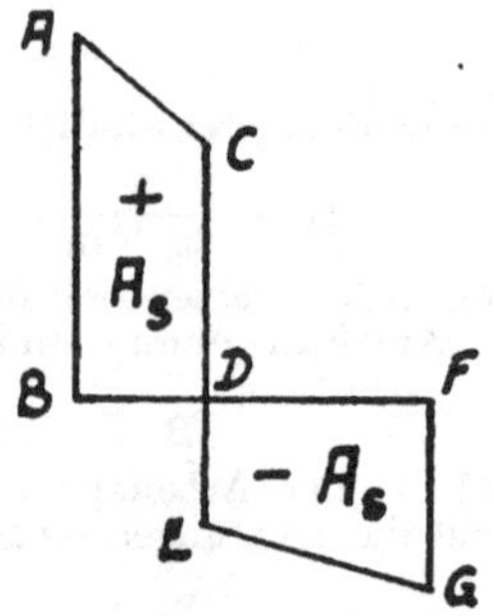

Bild 42b. Vom Schwungrad abgegebene Arbeit ($+A_s$) Vom Motor aufgenommene Arbeit ($-A_s$)

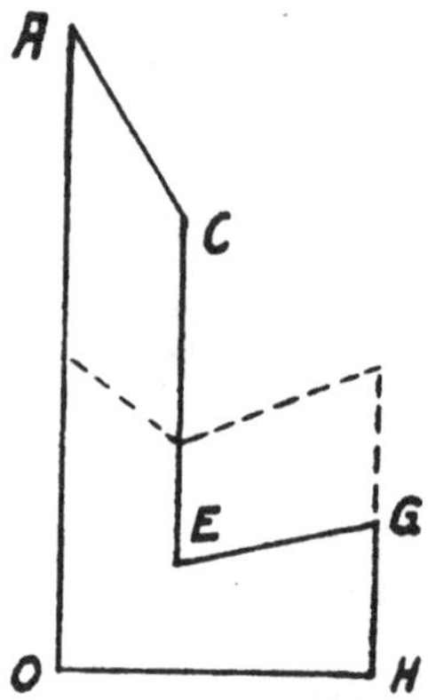

Bild 42c. Der Kupplung zugeführte Arbeit ($A_m + A_s - A_s = A_m$)

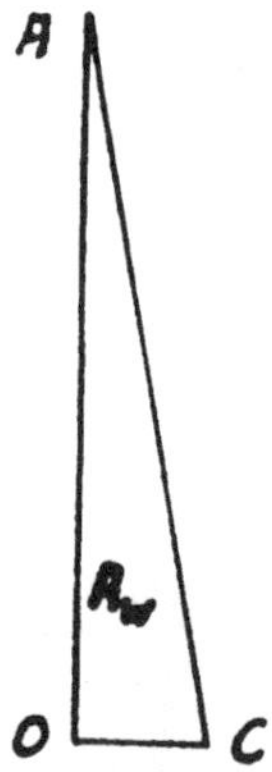

Bild 42d. Von der Kupplung in Reibungswärme umgesetzte Arbeit (A_w)

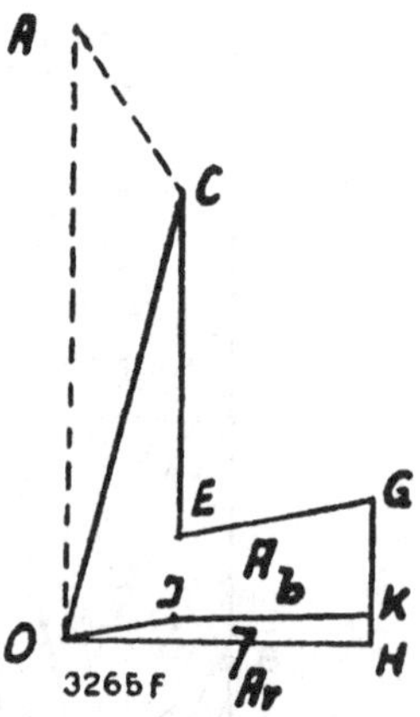

Bild 42e. Von fahrzeugseitige Kupplungshälfte aufgenommene Arbeit ($A_f - A_m - A_w = A_b + A_r$) Von Triebwerks- und Laufradwiderständen aufgenommene Arbeit (A_r). Für die Beschleunigung des Fahrzeugs aufgenommene Arbeit (A_b)

Bild 42. Erklärungen zum Arbeitsplan Bild 41.

daß die Diagrammfläche die Arbeiten darstellt. Da für den Motor konstantes Drehmoment vorausgesetzt war, so ist ω_m proportional der Leistung $M_m \cdot \omega_m$, so daß wir in dem Linienzug der Motorleistung BDF in Bild 41 den ω_m-Verlauf des Bildes 38 wiederfinden. Die vom Motor während des Anfahrvorganges abgegebene Arbeit ist dann also durch die Fläche $OBDFH$ unter der Motorleistungslinie BDF gegeben (vgl. auch den Auszug in Bild 42a). Die an die Kupplung abgegebene Leistung während der Kupplungszeit t_k ist auch durch ω_m bestimmt, nur jetzt im Maßs ab M_k, denn $L_k = M_k \cdot \omega_m$, sie ist also durch die Linie AC in Bild 41 gegeben, während die darunterliegende Fläche $OACT$ wieder die Arbeit darstellt. Der dabei über die Motorleistung bzw. Arbeit überschießende Teil wird also vom Schwungrad gedeckt, so daß die vom Schwungrad abgegebene Arbeit $+A_s$ durch die Fläche $BACD$ gegeben ist, vgl. dazu auch Bild 42b. Dieselbe

Zu Beginn t_k zum Schluß				Zeitpunkt	zu Beginn t_b zum Schluß			
Strecke	Leistung	Strecke	Leistung	Bezeichnung der Leistung	Strecke	Leistung	Strecke	Leistung
B O	$M_m \cdot \omega_m$	D T	$M_m \cdot \omega_k$	vom Motor erzeugt	D T	$M_m \cdot \omega_k$	F H	$M_m \cdot \omega_m$
A B	$J_m \cdot \varepsilon_m \cdot \omega_m$	C D	$J_m \cdot \varepsilon_m \cdot \omega_k$	vom Schwungrad abgegeben) aufgenommen	D E	$J_m \cdot \varepsilon_b \cdot \omega_k$	F G	$J_m \cdot \varepsilon_b \cdot \omega_m$
A O	$M_k \cdot \omega_m$	C T	$M_k \cdot \omega_k$	der Kupplung zugeführt	E T	$(M_m - J_m \cdot \varepsilon_b \cdot \omega_k)$	G H	$(M_m - J_m \cdot \varepsilon_b) \cdot \omega_m$
A O	$M_k \cdot \omega_m$	C	O	von der Kupplung in Reibungswärme umgesetzt	—	O	—	O
O	O	C T	$M_k \cdot \omega_k$	von der fahrzeugseitigen Kupplungshälfte aufgenommen	E T	$(M_m - J_m \cdot \varepsilon_b) \cdot \omega_k$	G H	$(M_m - J_m \cdot \varepsilon_b) \cdot \omega_m$
O	O	J T	$M_w \cdot \omega_k$	von den Triebwerks- und Fahrwiderständen aufgenommen	J T	$M_w \cdot \omega_k$	K H	$M_w \cdot \omega_m$
O	O	C J	$(M_k - M_w) \cdot \omega_k$	für die Beschleunigung des Fahrzeuges aufgenommen	E J	$J_w \cdot \varepsilon_b \cdot \omega_k$	G K	$J_w \cdot \varepsilon_b \cdot \omega_m$

Tabelle 4. Die Leistungen des Arbeitsplanes in Bild 41/42.

Arbeit, also auch dieselbe Größe der Fläche zieht sich dann im folgenden Zeitabschnitt t_b wieder von der Motorarbeit ab, es ist die Fläche *EDFG*; das ist also die vom Schwungrad wieder aufgenommene Arbeit $-A_s$. Die von Motor und Schwungrad zusammen abgegebene bzw. für das Fahrzeug frei werdende Leistung verläuft also zeitlich nach dem Linienzug *ACEG* und die entsprechende Arbeit als Fläche *OACEGH* (vgl. dazu auch Bild 42c).

Während der Kupplungszeit t_k wird vom Fahrzeug die Leistung $M_k \cdot \omega_f$ aufgenommen, also dem Verlauf des ω_f der fahrzeugseitigen Kupplungs-

hälfte in Bild 38 entsprechend, in Bild 41 durch die Linie OC dargestellt, so daß die während t_k vom Fahrzeug aufgenommene Arbeit gleich der Fläche OCT ist. Der darüber verbleibende Rest OAC ist dann die von der Kupplung in Reibungswärme umgesetzte Arbeit A_w. Bei der Konstruktion der Kupplung ist also schon darauf Rücksicht zu nehmen, daß diese Reibungswärme Abflußmöglichkeiten erhält, damit unzulässige örtliche Temperaturerhöhung vermieden wird. Nachdem dann die Kupplung fest gepackt hat, wird während t_b die ganze zur Verfügung stehende Arbeit vom Fahrzeug aufgenommen, so daß insgesamt vom Fahrzeug die durch die Fläche $OCEGH$ dargestellte Arbeit A_f aufgenommen wird. Davon wird ein Teil $OJKH$ als A_r zur Überwindung der Triebwerks- und Laufradwiderstände verbraucht, so daß als reine Beschleunigungsarbeit A_b dann die Fläche $OCEGKJ$ verbleibt.

In Tabelle 4 sind für Bild 41 die Leistungsordninaten in ihrer Bedeutung und Größe angegeben. Daraus ergeben sich die Gleichungen für die Arbeiten

$$A_s = 0{,}5\,(\omega_m^2 - \omega_k^2)\cdot J_m \tag{75}$$

$$A_b = 0{,}5\,\omega_m^2 \cdot J_w \tag{76}$$

$$A_m = \frac{0{,}5\cdot\omega_m^2\cdot J_w}{(1-m)(z+iz-i-m)}\cdot[(z+iz-i-m)+z-m] \tag{77}$$

$$A_w = \frac{0{,}5\cdot\omega_m^2\cdot J_w}{(1-m)\,(z+iz-i-m)}\cdot[(z+iz-i-m)+(1-z)\,(i+m)] \tag{78}$$

$$A_f = \frac{0{,}5\cdot\omega_m^2\cdot J_w}{(1-m)\,(z+iz-i-m)}\cdot[(z+iz-i-m)+m\,(z-1)] \tag{79}$$

$$A_r = \frac{0{,}5\cdot\omega_m^2\cdot J_w}{(1-m)\,(z+iz-i-m)}\,[(z+iz-i-m)+z-1]\cdot m. \tag{80}$$

Der Wirkungsgrad des Anfahrvorganges ist dann gegeben durch das Verhältnis der von der fahrzeugseitigen Kupplungshälfte aufgenommenen Arbeit zu der vom Motor erzeugten Arbeit, also

$$\eta_a = \frac{A_f}{A_m} = \frac{(z+iz-i-m)+m\cdot z-m}{(z+iz-i-m)+z-m} \tag{81}$$

C. Beschleunigungsgrenze. [127]

Man kann für den ersten Anfahrabschnitt t_k die Beschleunigung durch Vergrößern des Kupplungsmomentes M_k an sich beliebig vergrößern. Dem wird jedoch durch die übertragbaren Umfangskräfte an den Triebrädern eine Grenze gesetzt. Es ist

$$P_{max} = \mu\cdot A = P_R + P_{B_{max}},$$

darin bedeuten:

P = Umfangskraft an den Triebrädern.
μ = Kraftschlußbeiwert.
A = Achsdruck der Triebachse.
P_R = Rollwiderstand der Laufräder $= f\cdot G$.
P_B = Beschleunigungskraft $= m\cdot b = \frac{G}{g}\cdot b$.

$$b_{wmax} = g\cdot\left(\frac{A}{G}\cdot\mu - f\right). \tag{82}$$

Unter Berücksichtigung der beschleunigungs-günstigsten Übersetzung $\varphi_{bmax} = m_r + \sqrt{m_r + i_r}$ (vgl. S. 82) worin $m_r = \varphi\cdot m.$ und $i_r = \varphi^2\cdot i$ wird das für die Grenzbeschleunigung erforderliche Kupplungsmoment (im Verhältnis zum Motordrehmoment)

$$z = \frac{m_r + \frac{J_r}{M_m} \cdot \frac{g}{r}\left(\frac{A}{G} \cdot \mu - f\right)}{m_r + \sqrt{m_r^2 + i_r}} \qquad (83)$$

Über den Einfluß der Übersetzung vgl. S. 81.

D. Möglichkeiten zur Steigerung der mittleren Anfahrgeschwindigkeit.

a) Sonderkupplung. An dem treibenden Motordrehmoment ebenso wie an den Fahrwiderständen des Fahrzeuges ist an sich beim gegebenen Wagen nichts zu ändern. Der Anfahrvorgang bleibt also nur durch die Reihenfolge der Aufgaben beeinflußbar; denn der Motor erfüllt im Normalfalle während der Zeit t_b zwei Aufgaben gleichzeitig, nämlich 1. die Beschleunigung des Fahrzeuges und 2. die Wiederbeschleunigung des Schwungrades, wobei das Schwungrad die während der Zeit t_k abgegebene Energie wieder vom Motor zurückerhält. Man müßte nun den Motor diese beiden Aufgaben nicht gleichzeitig leisten lassen, sondern nacheinander, und zwar so, daß

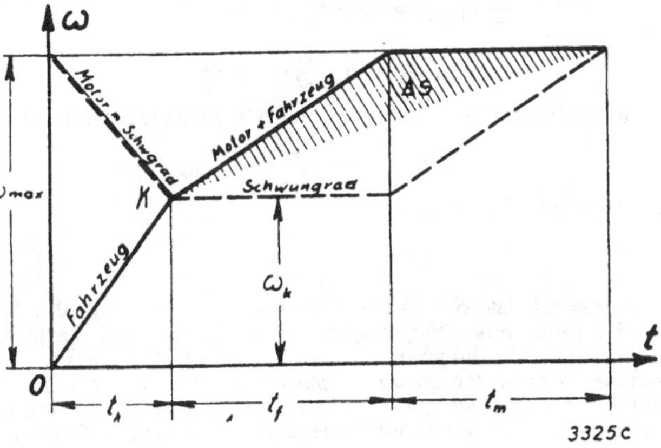

Bild 43. Sonderanfahrvorgang

zunächst nur das Fahrzeug beschleunigt wird. Das Schwungrad hätte dabei seinen Kredit noch zu verlängern, bis das Fahrzeug auf die der Motorhöchstzahl entsprechende Geschwindigkeit beschleunigt ist. Anschließend kann dann die Wiederbeschleunigung des Schwungrades bei höchster Fahrgeschwindigkeit des Fahrzeuges erfolgen, wodurch die gesamte Wegstrecke und damit auch die mittlere Anfahrgeschwindigkeit anwächst.

Zur praktischen Durchführung dieses Vorganges wird das Schwungrad im Kupplungspunkt K ausgekuppelt, so daß es im Freilauf weiterdrehen kann, während das Fahrzeug vom Motor bis zu seiner Höchstdrehzahl beschleunigt wird. Dann wird die Schwungradkupplung wieder eingeschaltet, wobei sie in ihrem Kupplungsmoment M_{k1} genau auf die Differenz zwischen Motordrehmoment M_m und Moment der Fahrwiderstände M_w eingestellt wird. Vgl. Bild 43. Es gilt dann:

$$M_{k1} = M_m - M_w \text{ und } M_{k1} = J_{m2} \cdot \varepsilon_m'$$

und

$$\omega_{max} - \omega_k = \varepsilon_m' \cdot t_m .$$

Damit wird:

$$t_m = (\omega_{max} - \omega_k) \cdot \frac{J_{m2}}{M_m\left(1 - \frac{m_r}{\varphi}\right)} \qquad (84)$$

Auch hier ergibt dann die Summe der Zeiten

$$t_k + t_f + t_m = \omega_{max} \cdot \frac{J_f}{M_m \cdot \varphi \cdot (\varphi - m_r)} \tag{85}$$

wieder denselben Wert des Normal-Anfahrvorganges.

b) Grundstufe. Ihre Wirkung besteht darin, daß bei entsprechender Wahl der Übersetzung mit dem Motordrehmoment als Kupplungsmoment die Grenzbeschleunigung auf den Wagen übertragen werden kann. Beim Anfahren würde der Motor also auf seiner Höchstdrehzahl bleiben und damit die Kupplung während des ganzen Anfahrvorganges rutschen und so dem Wagen dauernd das Motordrehmoment konstant übertragen und ihn unter voller Ausnützung der Haftreibung der Triebräder maximal beschleunigen. Bild 44. Hierfür gilt

$$M_k = M_m \text{ oder } z = 1$$

sowie Moment der Grenzbeschleunigung gleich Motordrehmoment minus Moment der Fahrwiderstände, d. h.:

$$\frac{J_f}{r} b_{wmax} = \varphi_g \cdot M_m - M_r . \tag{86}$$

$$b_{wmax} = g \cdot \left(\frac{A}{G} \cdot \mu - f\right) .$$

Die erforderliche Übersetzung φ_g der Grundstufe ergibt sich zu:

$$\varphi_g = m_r + \frac{J_f}{M_m} \cdot r \cdot b_{wmax} . \tag{87}$$

die Anfahrzeit der Grundstufe:

$$t_g = \frac{\omega_{max}}{b_{wmax}} \cdot \frac{r}{\varphi_g} . \tag{88}$$

Bemerkenswert ist bei dieser Grundstufe noch, daß die Trägheitsmomente der rotierenden Motormassen ohne Einfluß sind, da ja der Motor seine Höchstdrehzahl konstant beibehält. Diese Grundstufe kann also allen anderen Anfahrvorgängen vorgeschaltet werden, da sie die Zeitdauer der Grenzbeschleunigung wirksam verlängert. Das setzt allerdings voraus, daß $z = 1$ für die Grundstufe und $z > 1$ (vgl. S. 36) für den folgenden Gang sein muß. Das bedingt zwei verschiedene Kupplungsvorspannungen.

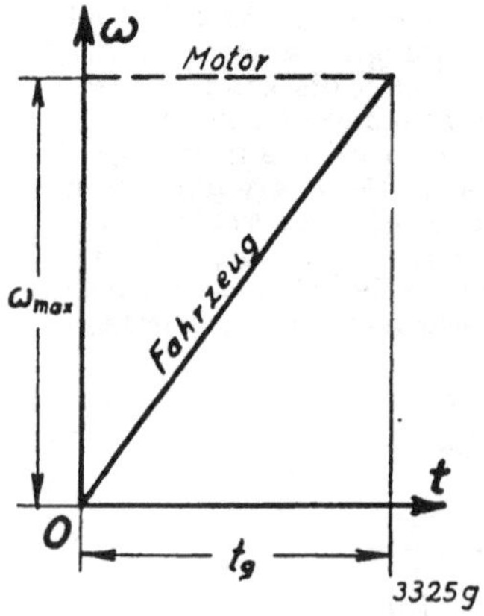

Bild 44. Grundstufe

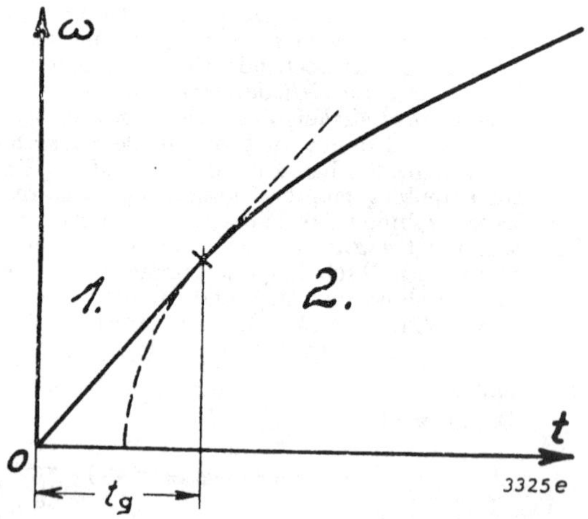

Bild 45. Idealer Anfahrvorgang

c) Idealer Anfahrvorgang. Bild 45 zeigt den idealen Anfahrvorgang, der im 1. Teil durch volle Ausnützung der Haftreibung der Triebräder und im 2. Teil unter Ausnützung höchster Motorleistung entsteht. Daß zu seiner Verwirklichung eine stetig veränderliche Getriebeübersetzung nötig wäre, macht ihn zur Zeit zwar noch nicht erreichbar, aber andererseits geeignet, als Maßstab für den Gütegrad der praktischen Anfahrvorgänge zu dienen.

Für den 2. Teil gilt

$$L_B = L_m - L_R. \qquad (89)$$

Beschleunigungsleistung $L_B = J_f \cdot \varepsilon_i \cdot \omega_f$

Motorleistung $L_m = M_m \cdot \omega_{max}$

Fahrwiderstandsleistung $L_R = M_r \cdot \omega_f$.

$$\varepsilon_i = \frac{M_m \cdot \omega_{max}}{J_f \cdot \omega_f} - \frac{M_R}{J_f} \qquad (90)$$

E. Einfluß von Gangzahl und Schaltpause.

Man könnte sich dem idealen Anfahrvorgang durch Steigerung der Gangzahl immer mehr nähern, wenn nicht die damit verbundene Häufung der Schaltpausen diesem Vorteil entgegenwirkte, so daß sich abhängig von der Größe der Schaltpause eine optimale Gangzahl ergibt [128]. Über Getriebeübersetzungsverhältnisse vgl. S. 66 ff.

14. Mechanik der Ausgleichgetriebe (Differentiale). [130]

A. Das normale Ausgleichgetriebe.

Für die Triebräder ergeben sich sowohl durch die Kurvenfahrt als auch durch ungleiche Reifenrollradien infolge ihrer Kupplung mit der Fahrbahn verschiedene Drehzahlen. Diesen Drehzahlunterschied bei beiderseits annähernd gleichem Antriebsdrehmoment zu ermöglichen, ist die Hauptaufgabe des Ausgleichgetriebes.

In Bild 46 ist das normale Kegelrad-Ausgl.-Getr. schematisch durch die mittleren Teilkreisscheiben dargestellt. Der Antrieb ist fortgelassen, lediglich das Ausgleichrsad mit der an dessen Achse angreifenden Triebkraft P ist dargestellt. Ferner sind die an den einzelnen Rädern angreifenden Kräfte eingezeichnet. Die an die Laufräder übertragenen Drehmomente stehen mit den Fahrwiderständen, die durch an Hebelarmen hängende Gewichte ersetzt sind, im Gleichgewicht. Die Bewegungsverhältnisse sind an den unteren Bildern gezeigt, und zwar links für den Antrieb ohne Ausgleichbewegung, also für den Fall, in dem die Geschwindigkeit des Ausgleichsrades an beiden Seiten und in der Mitte gleich ist. Rechts ist ohne Antrieb die reine Ausgleichbewegung dargestellt (Vorgelege), dabei dreht sich das Ausgleichsrad um seine stillstehende Achse, so daß sich die beiden Halbachsen gleich schnell aber entgegengesetzt drehen. Die wirklichen Bewegungsvorgänge setzen sich aus diesen zwei Fällen zusammen. In ihrem Diagramm in

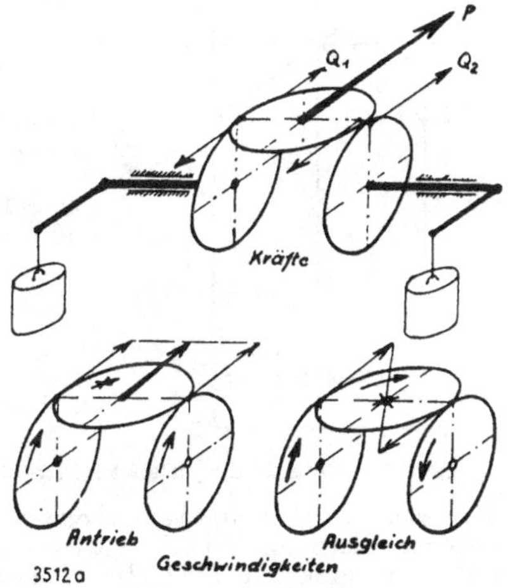

Bild 46. Schema der Kräfte und Geschwindigkeiten am Ausgleichgetriebe

der Mitte des Bildes 47 ergeben sich bei gegebener Kraftgeschwindigkeit v_m, die in der Mitte zwischen beiden Lastgeschwindigkeits-Achsen aufgetragen wird, alle möglichen jeweils zusammengehörigen Geschwindigkeiten der beiden Lasten durch die Schnittpunkte mit geraden durch

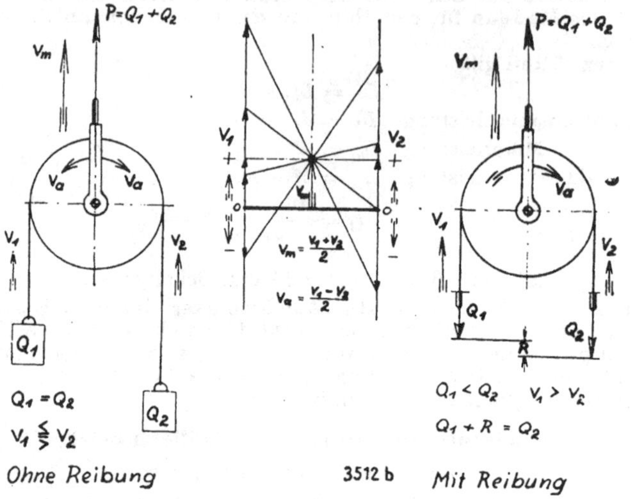

Bild 47. Kräfte und Geschwindigkeiten am Ausgleichrad eines Differentialgetriebes

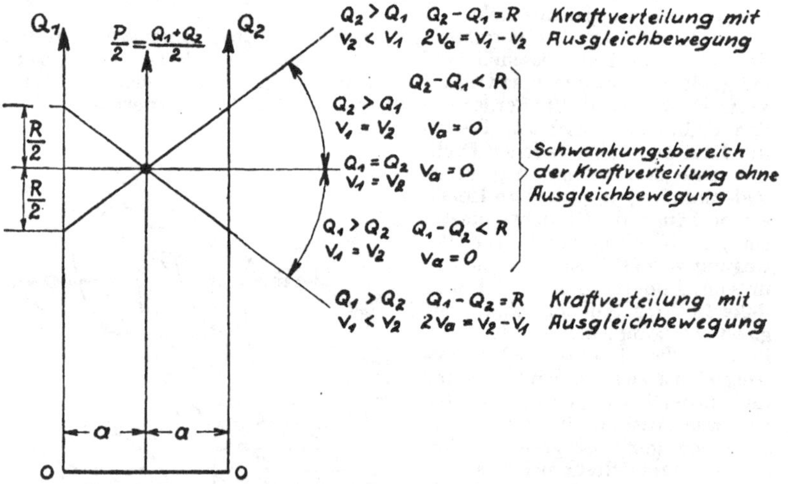

Bild 48. Bereich der möglichen Kraftverteilungen bei konstantem Antrieb

den Endpunkt von v_m gehenden Linien. Aus den beiden äußeren Schemabildern für das Ausgleichsrad in Bild 47 ergibt sich, daß zu der Seite der größeren Last die kleinere Lastgeschwindigkeit gehört. Das Kräftediagramm in Bild 48 zeigt alle Betriebsmöglichkeiten bei gleichbleibender Triebkraft P. Die waagerechte Linie gilt für den Ausgleich im reibungsfreien Zustand. Zwischen den beiden schrägen Reibungslinien liegt der mögliche Schwankungsbereich der Antriebskräfte ohne Ausgleichbewegung; denn erst wenn der Unterschied der beiderseitigen Antriebskräfte die volle Größe der Reibungskraft R erreicht, kann die Ausgleichbewegung einsetzen. — Bei gleicher Drehzahl der beiden Halbachsen können ihre Antriebskräfte also zwischen $(P + R)/2$ und $(P - R)/2$ schwanken, und zwar so, daß um den gleichen Betrag, den die eine Seite mehr als $P/2$ überträgt, die andere Seite weniger als $P/2$ übertragen kann. Bei ungleichen Halbachs-Drehzahlen ergibt sich dagegen nur die eine Möglichkeit, daß die schnellere Achshälfte $(P - R)\,2$ und die langsamere $(P + R)/2$ überträgt.

Es ist

$$v_1 + v_2 = 2 \cdot v_m \qquad \frac{v_a}{v_m} = \frac{v_1 - v_2}{v_1 + v_2} \tag{91}$$
$$v_1 + v_2 = 2 \cdot v_a$$

$$Q_2 + Q_1 = P \qquad \frac{Q_2}{Q_1} = \frac{P + R}{P - R} = \frac{M_2}{M_1} \tag{92}$$
$$Q_2 - Q_1 = R$$

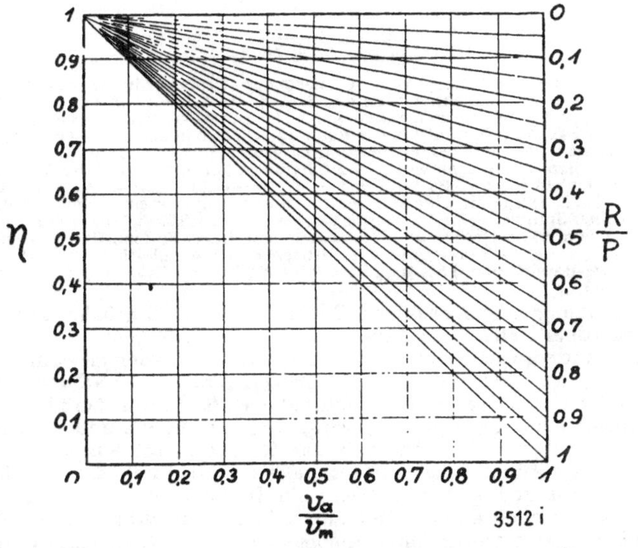

Bild 49. Nomogramm zur Ermittlung des Antriebswirkungsgrades bei Ausgleichbewegung

Der Wirkungsgrad für den Achsantrieb mit Ausgleichbewegung ist, vgl. Bild 49,

$$\eta_a = \frac{Q_1 \cdot v_1 + Q_2 \cdot v_2}{P \cdot v_m} = \frac{P \cdot v_m - R \cdot v_a}{P \cdot v_m} = 1 - \frac{R}{P} \cdot \frac{v_a}{v_m} \tag{93}$$

Aus den Drehzahlen der beiden Triebräder, die durch die Fahrbahn miteinander gekuppelt sind, ergibt sich mit den Bezeichnungen

s Spurweite,
ω_k Winkelgeschwindigkeit des Wagens um seine Hochachse bzw. um den Kurvenmittelpunkt,
ϱ Kurvenradius bis Wagenmitte,
c_2, c_1 Rollradien des rechten und des linken Reifens
v_1' v_2' Laufgeschwindigkeiten bzw. Fahrbahngeschwindigkeiten der beiden Räder in der Kurve
ω_1 ω_2 deren Winkelgeschwindigkeiten

je nachdem, ob Rad 1 oder 2 außen liegt,

$$v_1' = \left(\varrho \pm \frac{s}{2}\right) \cdot \omega_k \quad \text{und} \quad v_2' = \left(\varrho \mp \frac{s}{2}\right) \cdot \omega_k.$$

$$\omega_1 = \left(\varrho \pm \frac{s}{2}\right) \frac{\omega_k}{c_1} \quad \text{und} \quad \omega_2 = \left(\varrho \mp \frac{s}{2}\right) \frac{\omega_k}{c_2}. \tag{94}$$

Es ist

$$\frac{v_a}{v_m} = \frac{2\varrho\,(c_2 - c_1) \pm s\,(c_2 + c_1)}{2\varrho\,(c_2 + c_1) \pm s\,(c_2 - c_1)}, \tag{95}$$

dabei gilt das positive Vorzeichen für in der Kurve außen liegendes Rad 1 und das negative, wenn Rad 2 den größeren Kurvenradius hat.

Haben beide Reifen den gleichen wirksamen Rollradius, ist also $c_1 = c_2$, so ergibt sich dafür bei Kurvenfahrt

$$\frac{v_a}{v_m} = \frac{s}{2 \cdot \varrho}. \tag{95a}$$

Für die Fahrt auf der Geraden (also $\varrho = \infty$) mit ungleichen Reifen ergibt sich

$$\frac{v_a}{v_m} = \frac{c_2 - c_1}{c_2 + c_1}. \tag{95b}$$

Um sich eine Vorstellung von der normalen Größenordnung des $v_a : v_m$-Verhältnisses machen zu können, wurden die Grenzwerte der Radien von verschiedenen Reifentypen für die gleiche Felge aus einem Reifenkatalog herausgesucht: es waren z. B. 330 und 341 mm. Nimmt man nun an, daß diese beiden Reifen auf einer Achse gefahren werden und daß der kleinere durch Abnutzung nur noch 320 mm Radius hat, so ergibt sich damit dann wohl ein Höchstwert, der unter normalen Bedingungen nur selten erreicht wird. Es wird $v_a : v_m = (341-320) : (341 + 320) = 0{,}032$ oder 3,2%. Für das Einbiegen in eine Straßenkreuzung mit dem kleinen Kurvenradius von 6, 5,m bei einer Spurweite von 1,3 m ergibt sich $v_a : v_m = 1{,}3/2 . 6{,}5 = 0{,}1$ oder 10%. Für eine Kurve von 65 m Radius und die oben angegebene Reifendifferenz ergibt sich $v_a : v_m = 4{,}2\%$. Der Wirkungsgrad des Antriebes mit Ausgleich liegt nach Bild 49 in dem $v_a : v_m$-Bereich von 0 bis 10% bzw. 0 bis 0,1 je nach Größe der Reibung immer noch über 90%.

Der Reibungsschluß zwischen Triebrädern und Fahrbahn ändert sich sowohl mit dem Haftreibungsbeiwert als auch mit dem Anpreßdruck, wobei sich diese Änderungen nicht immer auf beide Triebräder gleichmäßig auswirken, so z. B. wenn ein Rad auf trockener rauher Fahrbahn und das andere auf nasser oder vereister Fahrbahn läuft. Wenn das übertragbare Drehmoment einer Seite zu Null wird, so kann auf die andere Seite nur noch eine Triebkraft in Höhe von der Reibungskraft ausgeübt werden. Wenn das von seiner Bodenhaftung gelöste Rad durch den Antrieb beschleunigt wird und auf diese Weise ein Drehmoment zur Überwindung seiner Massenträgheit aufnehmen kann, so kann auch auf das noch haftende Triebrad ein gleich großes Antriebsmoment noch zusätzlich zum Reibungsmoment übertragen werden. Während für den normalen Ausgleich zur Erzielung eines hohen Antriebs-Wirkungsgrades geringe Reibungsverluste anzustreben sind, so ist im Falle eines durchrutschenden Rades dagegen große Ausgleichsreibung erwünscht, um über das zweite Rad den Antrieb noch zu einem möglichst großen Teil aufrecht erhalten zu können. Zu diesem Zweck kann man das normale Ausgl.-Getr. mit zusätzlichen Einrichtungen versehen (Differentialsperre), die es dem Fahrer gestatten, bei einseitigem Durchrutschen die beiden Halbachsen gegeneinander zu bremsen oder sogar fest zu kuppeln. Das hat den Nachteil, daß der Fahrer durch die Bedienung der Differentialsperre noch zusätzlich belastet wird, und daß ein einwandfreies Arbeiten des Ausgl.-Getr. bei normalem Betrieb vom Lösen der Sperre abhängig ist, da sich sonst außer schlechterem Wirkungsgrad erheblicher Reifenverschleiß einstellen würde; weil sich die Triebräder ihren unterschiedlichen Fahrbahngeschwindigkeiten dann durch erhöhten Schlupf anpassen müssen. Man ist daher bestrebt die Sperrung selbsttätig wirken zu lassen. Unter Sperrung ist nicht nur eine feste Kupplung der beiden

Achshälften zu verstehen, sondern auch jedes andere Mittel, das unterschiedliche Antriebsmomente für die beiden Triebräder zuläßt, z. B. eine stärkere der Ausgleichbewegung entgegenwirkende Reibung, oder aber eine von 1 : — 1 abweichende Übersetzung zwischen beiden Halbachsen. Der Einsatz dieser Mittel kann nun z. B. von der Drehzahl des Ausgleichsrades oder von relativen Drehzahl zwischen den beiden Halbachsen gesteuert werden. Bei normalem Ausgleich liegt die Drehzahl der Planetenräder in der Größenordnung von 0 bis 50 Umdr./Min., beim Durchrutschen eines Rades dagegen bei etwa 500 und mehr. Man kann diese Mittel zur Sperrung der Ausgleichbewegung aber auch dauernd wirken lassen und muß dann bei normaler Fahrt neben einem etwas geringeren Wirkungsgrad auch eine ungleiche Verteilung des Antriebsmomentes in Kauf nehmen (Schneckenrad-Differential). Da die Ausgleichsbewegung im Verhältnis zur Antriebsgeschwindigkeit ($v_a : v_m$) normalerweise nur gering ist, so ist die Verringerung des Wirkungsgrades noch eher zu verschmerzen als die ungleiche Momentenverteilung, die für die Fahrpraxis weit unangenehmer sein kann. Das mit höherem Drehmoment belastete Rad überschreitet eben leichter einmal die Grenze seiner Haftreibung, wodurch sich dann wieder eine Verlagerung des höheren Drehmomentes auf das andere Triebrad ergibt. Damit kann dann ein Hinundherpendeln der Lastverteilung mit wechselweisem Durchrutschen der beiden Triebräder eintreten, was natürlich erhebliche Schleudergefahr mit sich bringt.

B. Das normale Schneckenrad-Ausgleichgetriebe.

Das normale Differential kann als Kegelrad-, als Stirnrad- oder auch als Schneckenraddifferential ausgeführt werden. In der letzten Art besitzt es den „Vorteil“ größerer Reibung. Bild 50 zeigt ein Schema des Schneckenraddifferentials. Auf jede Übertragungsstelle lassen sich nun die Wirkungsgradformeln der Schrauben- oder Schneckenräder anwenden. Dazu sind in Bild 51 die einzelnen Übertragungen so auseinandergezeichnet, daß man für jeden Fall den richtigen Steigungswinkel erkennt. In Bild 52 ist eine Schraubenradübertragung schematisch durch Keilstücke ersetzt dargestellt. Die Schräge entspricht dabei der Zahnberührungsfläche und die Führungsflächen den Axiallagern. Die Reibungskräfte in den zylindrischen Lagerteilen, die von den radialen Kräften hervorgerufen werden, seien hier vernachlässigt. Die Ableitung des Übertragungswirkungsgrades geht aus Bild 52 hervor, darin ist der Reibungswinkel der Zahnreibung ϱ' und der der Axiallager gleich ϱ.

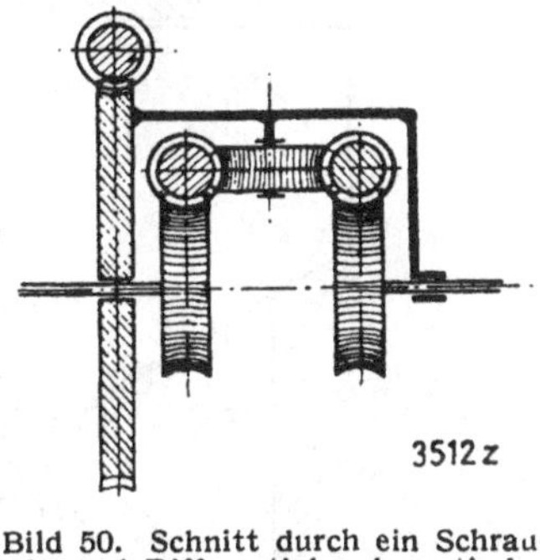

Bild 50. Schnitt durch ein Schraubenrad Differential, schematisch

Im Schneckenraddifferential Bild 50 und 51 wird die Ausgleichsbewegung nun über vier Übertragunsstellen geleitet, so daß der Gesamtwirkungsgrad des Schneckenraddifferentials von Bild 50 als Vorgelege dann wird:

$$\eta_v = \left[\frac{\operatorname{tg}[\beta - (\varrho' + \varrho)]}{\operatorname{tg}[\beta + (\varrho' + \varrho)]}\right]^2. \qquad (96)$$

Für verschiedene Summen der Reibungswinkel $\varrho' + \varrho$ ist der Vorgelegewirkungsgrad in Bild 53 dargestellt. Die reziproken Werte von η_v die rechts eingetragen sind, geben das Verhältnis der Drehmomente beim Differential mit Ausgleichsbewegung an.

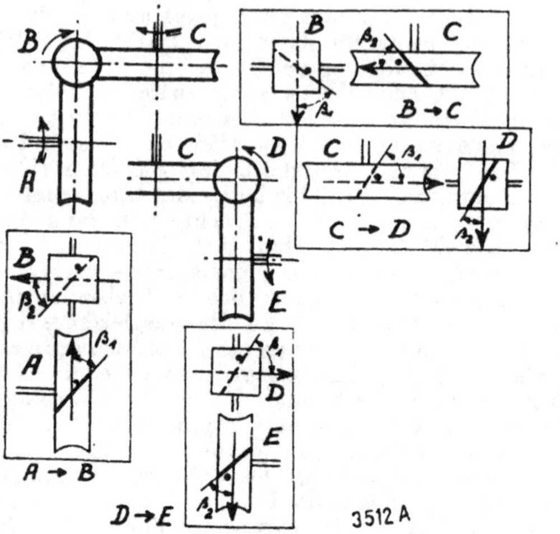

3512 A

Bild 51. Schraubenrad-Differential, in die einzelnen Übertragungsstellen zerlegt

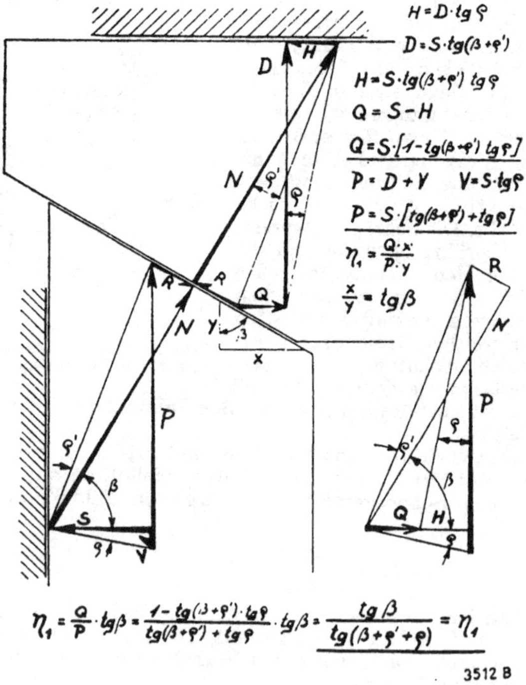

3512 B

Bild 52. Ersatz-Keilschema für eine Schraubenrad-Übertragungsstelle

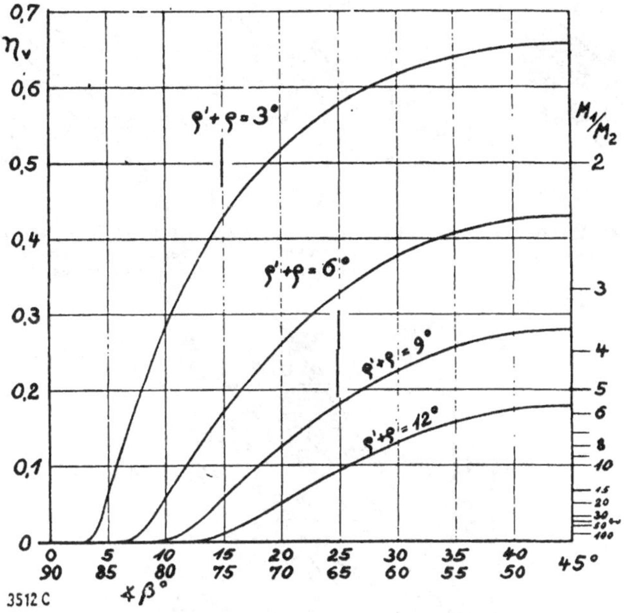

Bild 53. Vorgelegewirkungsgrad für Schraubenrad-Differentiale nach Bild 50 in Abhängigkeit vom Schraubensteigungswinkel

C. Drehmomenten-Betriebsdiagramme.

In den Bildern 54 bis 61 ist eine Zusammenstellung der Drehmomentendiagramme für die grundsätzlichen Differentialanordnungen gegeben. Die Ordinaten geben die Größe der Drehmomente der beiden Triebräder an, so daß durch jeden Diagrammpunkt zwei Triebmomente gegeben sind, deren Summe gleich dem Antriebsmoment ist. Daher sind die Linien gleichen Antriebsmomentes, d. h. konstanter Summen der jeweiligen Drehmomente der beiden Triebräder, unter -45^0 verlaufende parallele Geraden, die in ihren Schnittpunkten mit den Ordinaten die Größe des Antriebsmomentes angeben. Für das normale Differential können an Stelle er Drehmomente auch die an gleichen Hebelarmen angreifenden Kräfte im Diagramm dargestellt werden (vgl. Bild 57 mit der eben besprochenen $dP =$ konst-Linie).

Bild 56 zeigt das Kennliniendiagramm für ein normales Differential mit von der Ausgleichsgeschwindigkeit abhängiger Reibung ($R = x \cdot v_a^{\cdot}$). Die zum 45^0-Nullpunktstrahl parallelen Geraden z. B. im unteren Diagrammteil mit den Bezeichnungen $v_{a11}, v_{a21}, v_{a31}, v_{a41}$, gelten für vordrehendes Rad 1, und zwar unterscheiden sich die Linien durch jeweils gleiche v-Intervalle voneinander. Da der v_a-Einfluß auf die Reibung mit dem Quadrat von v_a wächst, so nimmt auch der Abstand zwischen den einzelnen v_a-Linien hier quadratisch zu. Quer zu den v_a-Parallelen sind die P-Parallelen für jeweils konstante Triebkraft eingetragen. Nehmen wir z. B. an, die Triebkraft sei P_3 und der Wagen soll anfahren, wenn Rad 2 etwa über einer Rinne frei schwebt, also $Q_2 = 0$ ist, so wird dann beim Einkuppeln zunächst nur das freie Rad 2 beschleunigt, wodurch mit steigender Ausgleichgeschwindigkeit die Reibung ansteigt, bis dann etwas über dem Wert v_{a42} die Reibung die Größe P_3 erreicht hat und damit auch $Q_1 = P_3$ wird. Das

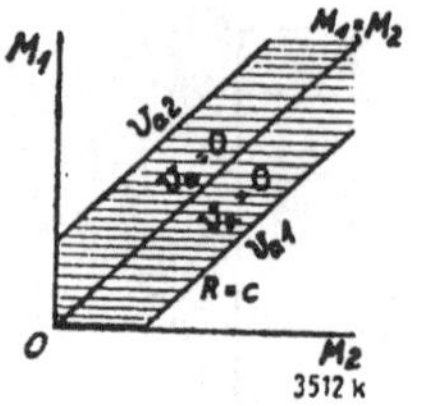

Bild 54. Konstante Reibung

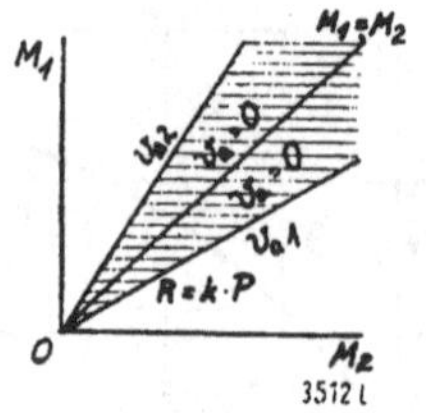

Bild 55. Dem Antriebsmoment proportionale Reibung

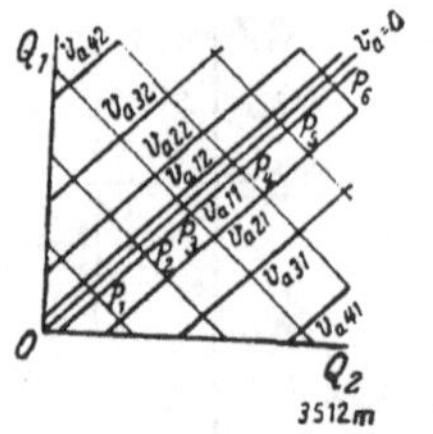

Bild 56. Mit dem Quadrat der Ausgleichgeschwindigkeit wachsende Reibung

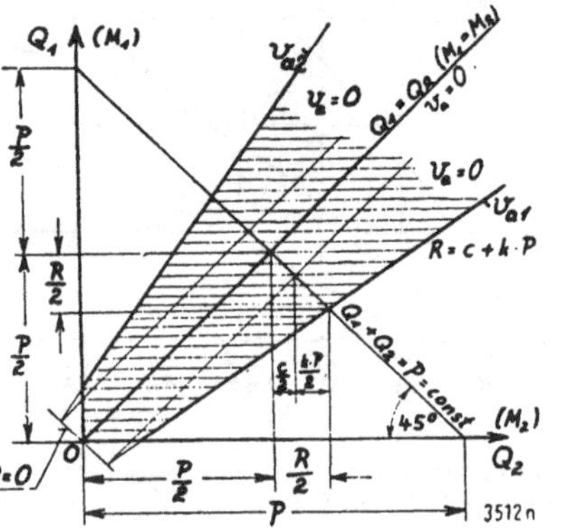

Bild 57. Kombinierte Reibung. gem. Bild 54 und 55

volle Triebmoment kann also jetzt über das Rad 1 übertragen werden, so daß der Wagen, tatsächlich nur von einem Rad getrieben, anfahren kann. In den Bildern 54 und 57 steht dafür nur das konstante Moment beziehungsweise dessen konstanter Anteil zur Verfügung, in Bild 55 ist es Null.

Wenn bisher von normalen Differentialen die Rede war, so waren damit diejenigen gemeint, die als Vorgelege das Übersetzungsverhältnis 1: — 1 haben, d. h. bei denen sich bei stillstehendem Antrieb die beiden Triebräder gleich schnell, aber entgegengesetzt drehen können. Da die entgegengesetzte Drehrichtung überhaupt Vorbedingung für den Ausgleich ist, wird hier nur die absolute Größe der Ubersetzung ohne Vorzeichen angegeben.

Die Differentiale mit von 1 abweichendem Übersetzungsverhältnis sind in den Bildern 58 bis 61 dargestellt.

Bild 58 zeigt die Momentenkennlinien für verschiedene (Vorgelege-) Übersetzungen (der beiden Halbachsen zueinander) als Nullpunktstrahlen, und zwar gültig für $v_a = 0$ und ohne Reibung auch für v_a. Durch die Übersetzung allein ergibt sich gegenüber dem normalen Differential also kein Vorteil, da doch immer noch beide Momente gleichzeitig zu Null werden.

Bild 59 gilt für den Fall von zwei symmetrisch entgegengesetzt von 1 abweichenden Übersetzungen, die mit je einem Freilauf arbeiten (Bild 62). Im Gleichlauf beider Halbachsen sind die beiden übertragenen Drehmomente einander gleich, und erst mit einsetzender Ausgleichbewegung springt die Momentenverteilung auf die nun gültige v_a-Linie über. Als weitere Gruppe sind noch die Differentiale mit um einen Mittelwert periodisch schwankenden Übersetzungsverhältnissen zu erwähnen, dazu gehören die Differentiale mit auf Hebeln oder Gleitsteinen exzentrisch gelagerten Ausgleichrädern,

Bild 58. Ohne Reibung mit verschiedenen Übersetzungen der beiden Halbachsen zueinander

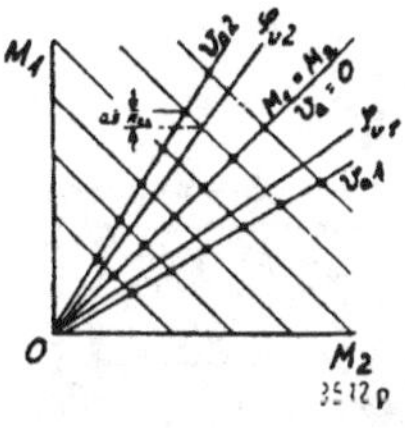

Bild 59. Symmetrische Übersetzungen gem. Bild 62.

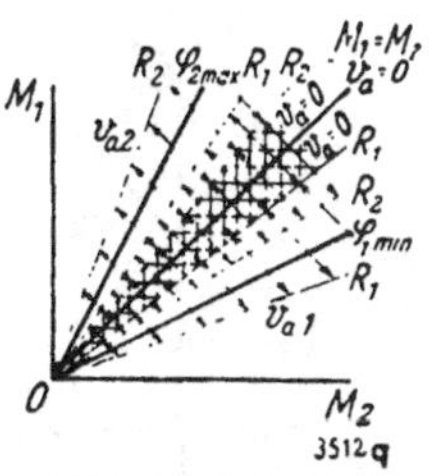

Bild 60. Periodisch veränderliche Übersetzungen

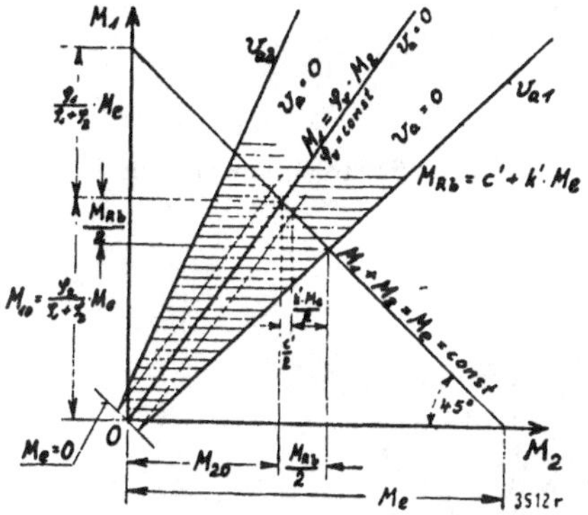

Bild 61. Übersetzung und zusammengesetzte Reibung

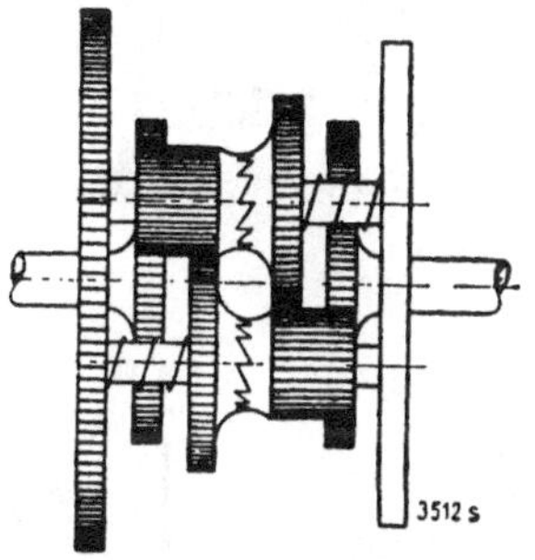

Bild 62. Differentialschema mit zwei gleichen, entgegengesetzt gerichteten Übersetzungen und Freiläufen

Bild 54 bis 61. Menomten-Diagramme verschiedener Differentialsysteme

ferner die Differentiale mit Sonderverzahnungen, bei denen sich das Übersetzungsverhältnis während des Eingriffes jedes einzelnen Zahnes zwischen seinen Grenzwerten ändert (Timken-Differential [160]), und schließlich kann noch ein Teil der mit radialen Schwingstücken arbeitenden Kurventriebdifferentiale hierher gerechnet werden. Ohne Ausgleichbewegung stellt sich auch hier die Übersetzung meist auf 1 ein oder $M_1 = M_2$. Im Ausgleichsfalle schwankt sie nach beiden Seiten, wobei je nach der Richtung der Ausgleichbewegung infolge der Reibung der Betriebssektor einseitig verdreht ist.

D. Das allgemeine Ausgleichgetriebe (Drehmomentenverteiler).

In Bild 63 ist ein allgemeines Differential schematisch im Schnitt dargestellt. Die einzelnen Größen sind dabei mit denselben Buchstaben bezeichnet wie im Ersatzschema des Ausgleichsradsatzes Bild 64. Es ist

$$\varphi_1 = \frac{a_1}{b_1} \qquad \varphi_2 = \frac{a_2}{b_2} \qquad \varphi_v = \frac{\varphi_2}{\varphi_1},$$

$$\omega_1 = \omega_c + \varphi_1 \cdot \omega_a \qquad \omega_2 = \omega_c - \varphi_2 \cdot \omega_a.$$

$$\omega_a = \frac{\omega_1 - \omega_2}{\varphi_1 + \varphi_2} \tag{97}$$

$$\omega_c = \frac{\omega_1 \cdot \varphi_2 + \omega_2 \cdot \varphi_1}{\varphi_1 + \varphi_2}$$

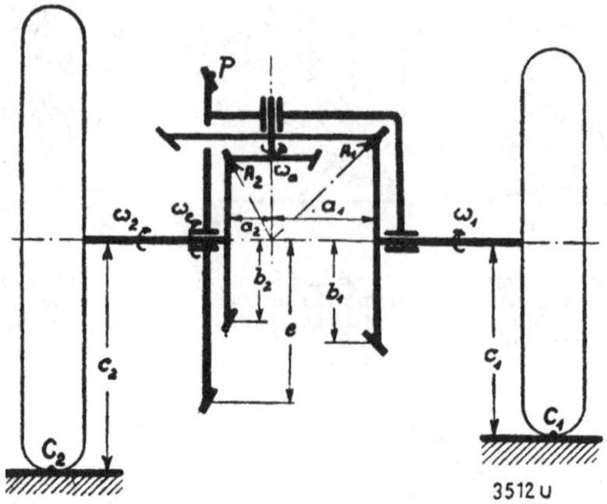

Bild 63. Schnitt durch ein allgemeines Differential, schematisch

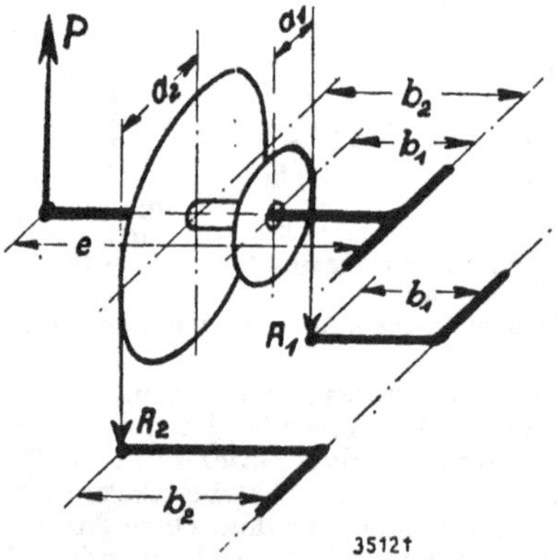

Bild 64. Ersatzschema für das allgemeine Differential

Beim Reibungsmoment M_R gibt der weitere Index an, auf welche Achse sich das Moment bezieht, also M_{Ra} auf Ausgleichsradachse und M_{Rb} auf Abtriebsachsen.

$$\frac{M_{Ra}}{M_{Rb}} = \varphi_1 + \varphi_2.$$

$$M_1 = M_e \cdot \frac{\varphi_2}{\varphi_1 + \varphi_2} - M_{Rb} \tag{98}$$

$$M_2 = M_e \cdot \frac{\varphi_1}{\varphi_1 + \varphi_2} + M_{Rb}.$$

$$M_1 = \frac{\varphi_2 \cdot M_e - M_{Ra}}{\varphi_1 + \varphi_2} \text{ und } M_2 = \frac{\varphi_1 \cdot M_e + M_{Ra}}{\varphi_1 + \varphi_2}. \tag{98a}$$

$$\eta_a = 1 - \frac{M_{Ra}}{M_e} \cdot \frac{\omega_a}{\omega_e}. \tag{99}$$

Das allgemeine Ausgleichgetriebe wird dann verwendet, wenn die Achsen infolge verschiedenen Achsdruckes auch mit unterschiedlichen Drehmomenten angetrieben werden sollen, um die Achsdrücke für den Kraftschluß voll ausnützen zu können; so z. B. beim Vierradantrieb mit Verteiler-Ausgleichgetriebe zwischen Vorder- und Hinterachsantrieb, vgl. S. 20. Einen weiteren Anwendungsfall beschreibt der folgende Absatz.

E. Das Ausgleichgetriebe beim Gespann mit Seitenwagenantrieb.

Da der Raddruck des Seitenwagenrades bedeutend geringer ist als der des Hinterrades, so muß durch die Anwendung eines allgemeinen Ausgl.-Getr. dafür gesorgt werden, daß die Drehmomente auch im Verhältnis der Raddrücke auf die Räder übertragen werden. $M_H : M_S = G_H : G_S$. Bild 65

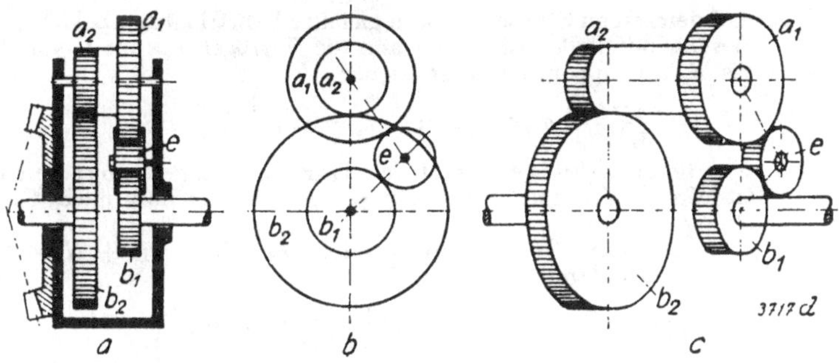

Bild 65. Schema des Drehmomentverteiler-Ausgleichgetriebes
a Schnitt *b* Teilkreise *c* Perspektive der Stirnräder

zeigt das Schema des Drehmomentenverteiler-Ausgl.-Getr., bei dem die Übersetzuungen jeweils durch $\varphi_1 = a_1 : b_1$ und $\varphi_2 = a_2 : b_2$ gegeben sind, während Rad *e* als Umkehrrad ohne Einfluß auf die Übersetzung bleibt. Da sich die Drehmomente wie die Raddrücke verhalten sollen, so ergibt sich für die Übersetzungen die Bedingung [134]

$$\varphi_1 : \varphi_2 = G_H : G_S. \qquad (100)$$

F. Das normale Ausgleichgetriebe für Drehmomentenverteilung.

Die Wirkung eines allgemeinen oder Drehmomenten-Verteiler-Ausgl.-Getr. läßt sich auch mit einem normalen Ausgl.-Getr. erreichen, wenn seinen beiden Halbachsen verschiedene Übersetzungen nachgeschaltet werden. Dabei stellen sich die Drehzahlen der Triebräder auch durch die Kupplung mit der Fahrbahn ein, so daß im Gegensatz zum allgemeinen Ausgl.-Getr. auch schon bei gleichen Drehzahlen der Triebräder eine Ausgleichbewegung im normalen Ausgl.-Getr. stattfindet. Hierdurch sinkt zwar der Antriebswirkungsgrad etwas, dafür ist aber die Herstellung der normalen Ausgl.-Getr. wesentlich einfacher. In vielen Fällen wird sowieso noch eine Übersetzung nachgeschaltet, vgl. z. B. den Gespann-Antrieb, so daß dadurch dann auch keine Verteuerung auftritt, zumal die verschiedenen Übersetzungsverhältnisse auf beiden Seiten durch zwei gleiche aber in der Übertragungsfolge vertauschte Zahnradpaare erzielt werden können [165]. Bei der Gestaltung der Lagerung für die Ausgleichräder muß hier die ständige Ausgleichbewegung berücksichtigt werden.

15. Einfache Kontrollmessungen.

A. Kontrolle des Tachometers durch Abstoppen der Zeit t_1 in Sekunden für 1 km Fahrweg nach den Kilometersteinen; die tatsächliche Fahrgeschwindigkeit ist dann $V = \frac{3600}{t_1}$ km/h.

Vergleiche dazu die Bestimmungen der Straßenverkehrs-Zulassungs-Ordnung vom 13. November 1937 in § 57 über Kilometerzähler und Geschwindigkeitsmesser.

B. Kontrolle der Motorleistung durch Fahrversuche mit Stoppuhr und genau anzeigendem Tachometer. Es wird die mittlere Leistung für einen Geschwindigkeitsbereich von V_1 bis V_2 bestimmt.

1. Beschleunige mit Vollgas und stoppe die Beschleunigungszeit t_1 in Sekunden vom Durchgang des Tachometerzeigers durch V_1 bis zum Durchgang durch V_2, dann ist

$$b_1 = \frac{V_2 - V_1}{3{,}6 \cdot t_1} \text{ und } N_{B_1} = m' \cdot \frac{V_m \cdot b_1}{270} \text{ PS, worin } V_m = \tfrac{1}{2}(V_1 + V_2)$$

die mittlere Geschwindigkeit des Intervalls ist, für die die ermittelte Leistung gilt.

2. Auf demselben Straßenstück in gleicher Fahrtrichtung bei höherer Geschwindigkeit auskuppeln und die Verzögerungszeit t_2 von V_2 bis V_1 abstoppen, dann ist wieder

$$b_2 = \frac{V_2 - V_1}{3{,}6 \cdot t_2} \text{ m/sek}^2 \text{ und } N_{B_2} = m' \cdot \frac{V_m \cdot b_2}{270} \text{ PS.}$$

3. Aus diesen Messungen ergibt sich dann die Motorleistung; denn es ist $N_{B_1} = N_B$ und $N_{B_2} = N_R + N_S + N_L$, so daß nach Gleichung (1) wird

$$N_e = N_G + N_{B_2} + N_{B_1} \quad \text{oder} \quad \eta_g \cdot N_e = N_{B_2} + N_{B_1}$$

damit wird dann

$$\left.\begin{aligned} N_e &= \frac{N_{B_1} + N_{B_2}}{\eta_g} = \frac{m' \cdot V_m(b_1 + b_2)}{\eta_g \cdot 270} \text{ PS} \\ N_e &= \frac{m'(V_2^2 - V_1^2)(t_1 + t_2)}{1750 \cdot t_1 \cdot t_2 \cdot \eta_g} \text{ PS} \end{aligned}\right\} \qquad (101)$$

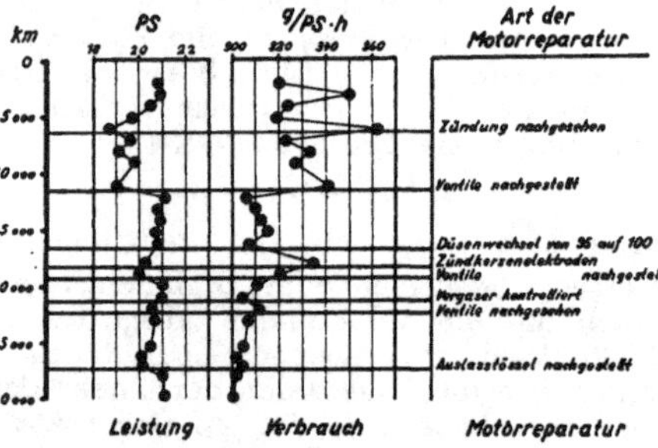

Bild 66. Leistung, Verbrauch und Motorreparaturen eines PKW bei der Standard-30-Tage-Fahrt auf dem Nürburgring (Prüfstandsmessungen bei $V = 50$ km/h)

Wie wichtig regelmäßige Leistungskontrollen sind, erhellt aus Bild 66, worin für einen PKW die Leistungs- und Verbrauchsmessungen während der Standard-30-Tage-Fahrt aufgetragen sind. Man sieht, daß bei Motorstörungen der Verlust nicht nur in verringerter Leistung (d. h. Zeitverlust) liegt, sondern daß für diese geringere Leistung auch noch verhältnismäßig mehr Brennstoff verbraucht wird.

16. Einfluß des Zustandes der Ansaugeluft auf die Motorleistung.

Die Höchstleistung der Verbrennungskraftmaschinen hängt von der für die Verbrennung zur Verfügung stehenden Luftmenge ab. Das je Arbeitsspiel des Motors angesaugte Luftgewicht wird von Druck, Temperatur und Feuchtigkeit der Ansaugeluft beeinflußt, wodurch dann die indizierte Leistung N_i sich ändert gemäß folgender Gleichung:

$$
\left.\begin{aligned}
N_{i2} &= N_{i1} \cdot \frac{b_2 - p_{d2}}{b_1 - p_{d1}} \cdot \sqrt{\frac{t_1 + 273}{t_2 + 273}} \\
N_{i2} &= N_{i1} \cdot x \\
x &= \frac{b_2 - p_{d2}}{b_1 - p_{d1}} \cdot \sqrt{\frac{T_1}{T_2}}
\end{aligned}\right\} \qquad (102)
$$

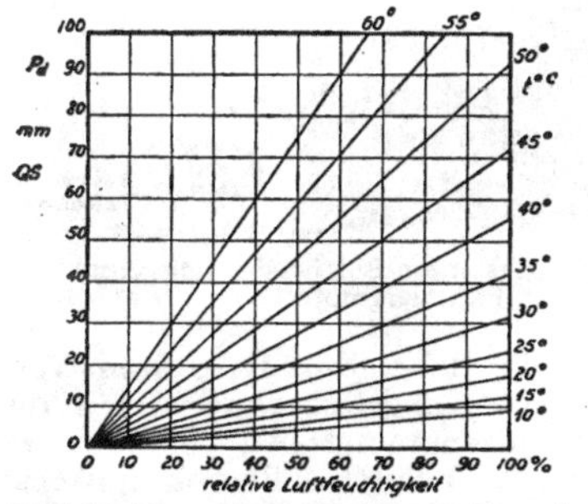

Bild 67. Wasserdampfteildruck (Dunstdruck) in Abhängigkeit von der relativen Luftfeuchtigkeit für verschiedene Temperaturen

darin bedeuten:

b = Barometerstand mm QS,
p_d = Wasserdampfteildruck (Dunstdruck) gemäß Bild 67 in mm QS [136],
t = Ansaugelufttemperatur °C,
$T = t + 273$ ° K.

Die indizierte Leistung ändert sich also mit dem Faktor x. Soll nun die effektive Leistung N_e ermittelt werden, und ist der mechanische Wirkungsgrad η_m für N_1 bestimmt worden, so ergibt sich die geänderte effektive Leistung zu

$$N_{e2} = N_{e1} \cdot \frac{\eta_m + x - 1}{\eta_m} \qquad (103)$$

[124, 135 ÷ 138].

17. Kraftstoffnormverbrauch. [7]

Um einheitliche Grundlagen für die Katalog-Angaben des Kraftstoffverbrauches zu erhalten, hat der Fachnormenausschuß der Kraftfahrindustrie (FAKRA) im Normblatt DIN Kr 30 folgendes festgelegt:

1. Fahrzeug: Es muß der serienmäßigen Ausführung entsprechen, insbesondere auch für Vergaser- und Zündeinstellung. Es muß mit dem zulässigen Gewicht voll beladen sein. Der eingelaufene Motor soll die übliche Betriebstemperatur haben. Vom Getriebe ist die kleinste Untersetzung bzw. der größte Gang einzuschalten.
2. Fahrstrecke: Ebene Reichsautobahn (kurze Steigungen und Gefälle bis 1,5%) von 50 ÷ 60 km Länge ist bei Windstille (Windstärke 2—3 noch zulässig) hin und unmittelbar folgend zurück zu durchfahren. Die gesamte Streckenlänge W (km) der Meßfahrt (also ohne An- und Auslaufstrecke) ist an Hand der Streckenkennzeichnung zu bestimmen.
3. Fahrgeschwindigkeit = $^2/_3$ der gestoppten Höchstgeschwindigkeit möglichst gleichförmig über die gesamte Meßstrecke.
4. Kraftstoff zum Motor passende handelsübliche Sorte. Die für den gesamten Meßweg W verbrauchte Kraftstoffmenge K (dm³) ist genau zu messen.
5. Kraftstoffnormverbrauch k_n Liter/100 km

$$k_n = 110 \frac{K}{W} \qquad (104)$$

Bei Angaben von weiteren z. B. Durchschnittsverbrauchszahlen hat der Kraftstoffnormverbrauch an erster Stelle zu stehen. Die Toleranz für k_n ist + 5%.

18. Kennliniendarstellung für Fahrzeugmotoren.

Da im Gegensatz zu den stationären Motoren der Betriebsbereich der Fahrzeugmotoren nicht nur bei einer Drehzahl liegt, sondern sich über einen weiten Drehzahlbereich erstreckt, wobei für jede Drehzahl alle Belastungsgrade auftreten können, so genügt es folglich auch nicht, einen Fahrzeugmotor nur durch die Verbrauchslinie für eine Drehzahl zu kennzeichnen, sondern es muß der gesamte Betriebsbereich durch die Kennlinien dargestellt sein, und zwar so, daß man für jeden Betriebszustand die kennzeichnenden Werte, wie Belastung, Drehzahl, Verbrauch usw. in übersichtlicher Art aus der Kennliniendarstellung entnehmen kann. Diesen Forderungen genügte keines der früher benutzten Diagramme, die daher durch die vom Verfasser entwickelte Kennliniendarstellung [144] abgelöst wurden. Für die Ordinaten wurden dabei als die Hauptbestimmungsgrößen der effektive Mitteldruck p_e und die Drehzahl n gewählt. Dadurch läßt sich zunächst schon, wie Bild 68 zeigt, der gesamte Betriebsbereich als Fläche darstellen, und zwar sowohl im positiven Sinne bei treibendem Motor als auch im negativen Sinne bei angetriebenem bzw. bremsendem Motor. In diese Betriebsflächen werden nun alle Werte, die sonst noch von Interesse sind, wie Kraftstoffverbrauch (b_e in g/PS$_e \cdot h$; B_e in kg/h; β in g/m^3), Leistungen (als Hyperbeln N_e in PS$_e$; N_1 in PS$_e$/dm^3) und evtl. noch Auspufftemperaturen, Spüldrücke, angesaugte Luftmengen, volumetrische und andere Wirkungsgrade, als Linien konstanter Werte (Höhenschichtlinien) eingetragen, wie es z. B. Bild 69 zeigt.

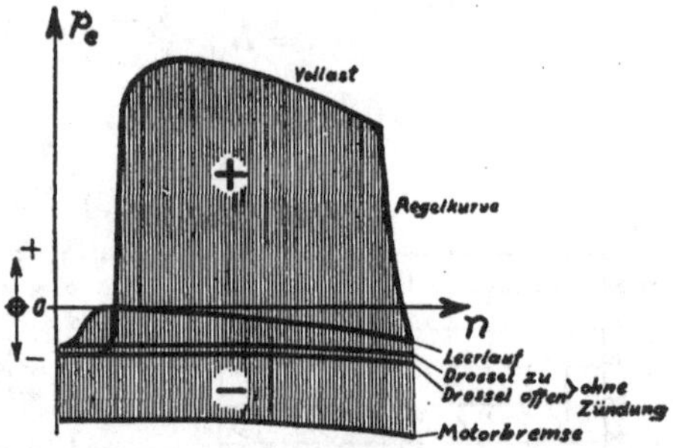

Bild 68. Gesamter Betriebsbereich eines Fahrzeugmotors

Für die Darstellung von Motorenkennlinien werden zweckmäßig die in Tabelle 5 angegebenen Diagramme benutzt.

Diagramm	Ordinate	Abszisse	Parameter (Hyperbel)	Gleichung des Parameters
I	$p_e \left(\frac{\text{kg}}{\text{cm}^2}\right)$	$n \left(\frac{\text{Umdr.}}{\text{Min.}}\right)$	$\frac{N_e}{V_H} \left(\frac{\text{PS}}{\text{dm}^3}\right)$	$\frac{N_e}{V_H} = \frac{p_e \cdot n}{225 \cdot \text{T}}$
II	$p_e \left(\frac{\text{kg}}{\text{cm}^2}\right)$	$c_m \left(\frac{\text{m}}{\text{sek}}\right)$	$\frac{N_e}{F} \left(\frac{\text{PS}}{\text{dm}^2}\right)$	$\frac{N_e}{F} = \frac{p_e \cdot c_m}{0{,}75 \cdot \text{T}}$
III	M_D (m. kg)	$n \left(\frac{\text{Umdr.}}{\text{Min.}}\right)$	N_e (PS)	$N_e = \frac{n \cdot M_D \cdot \pi}{2250}$

Tabelle 5.

Darin bedeutet (vgl. dazu Formeln (4) S. 2).

c_m = mittlere Kolbengeschwindigkeit in m/sek

$$c_m = \frac{H \cdot n}{30000}$$

H = Hub in mm

F = Fläche in dm^2 des ebenen Kolbenbodens

$$F = \frac{B^2 \cdot \pi \cdot z}{40000}$$

B = Bohrung bzw. Zylinderdurchmesser in mm

z = Zylinderzahl

Bild 69 und 70 entsprechen Diagramm I, während die Diagramme II und III in ihrer gegenseitigen Abhängigkeit in Bild 71 dargestellt sind. Durch diese Kennliniendarstellung ist nicht nur eine gute Übersicht über den Motor gegeben, sondern sie bildet auch eine von der Motorengröße un-

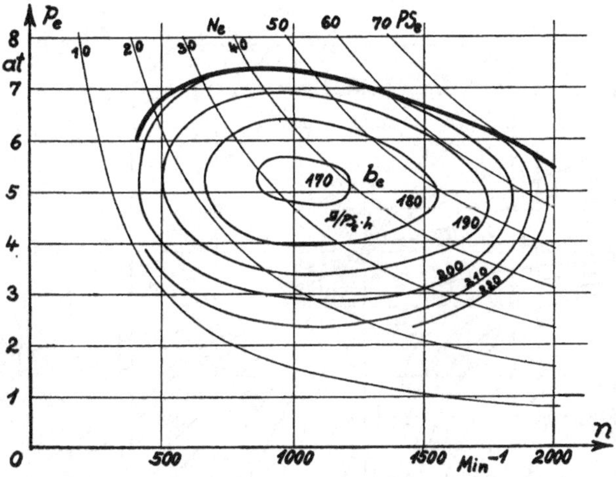

Bild 69. Kennlinien-Diagramm eines Fahrzeug-Dieselmotors vgl. auch Bild 98 auf Seite 76

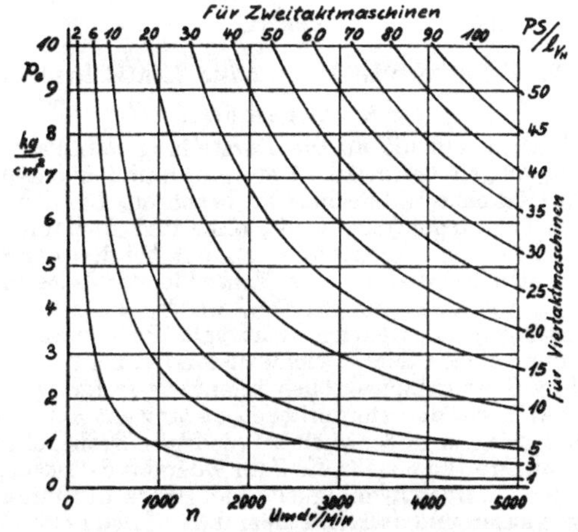

Bild 70. Diagrammblatt mit Hyperbelnetz gleicher effektiver Leistungen je Liter Hubvolumen für die Eintragung der Kennlinien von Fahrzeugmotoren

abhängige Grundlage für den Vergleich verschiedener Motoren. Zur Auftragung der Diagramme benutzt man zweckmäßig vorbereitete Diagrammblätter mit eingetragenen Hyperbeln der Leistungen, wie es z. B. Bild 70 zeigt, das auch allgemein als Rechenblatt (Nomogramm) benutzt werden kann, da es für alle Motoren gleich ist, hier für die Größen p_e, n, N_e/V_H. Ebenso kann Bild 71 als Nomogramm für die in den Diagrammen II und III vorkommenden Größen gelten.

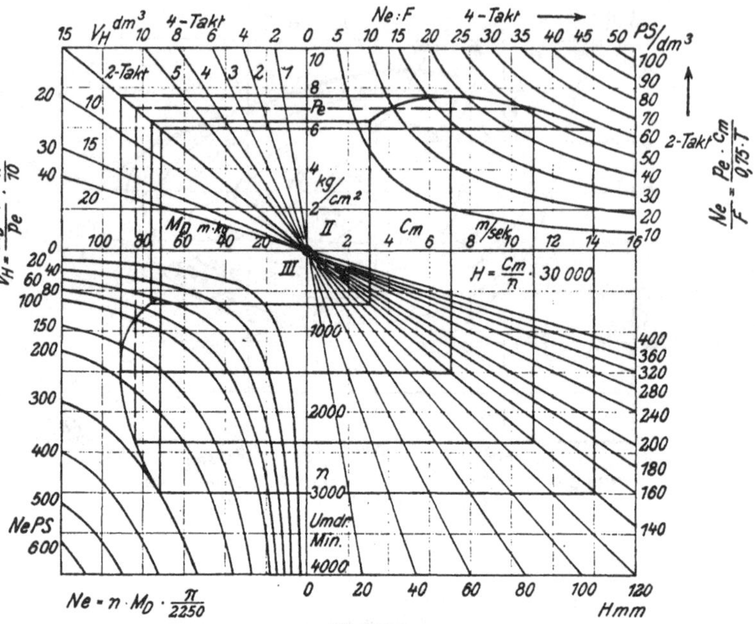

Bild 71.

19. Kennliniendarstellung für Kraftfahrzeuge.

A. Allgemein.

Wenn auch allgemein die an die Darstellung von Fahrzeugkennlinien gestellten Bedingungen denen für Motorenkennlinien entsprechen, so ist doch ein grundsätzlicher Unterschied zu beachten. Bei den Motoren nämlich werden die Leistungen dargestellt, ohne daß Auskunft über die Verwendung dieser Leistungen erteilt wird. Anders bei den Fahrzeugen, wo die Motorleistung zur Überwindung der Fahrwiderstandsleistungen zur Verfügung steht, oder mit anderen Worten, wo die Motorleistung den Fahrwiderstandsleistungen das Gleichgewicht hält. Es handelt sich dabei also um die Darstellung eines Gleichgewichtszustandes, bei dem aber keine Seite hinsichtlich ihrer Bestimmungsgrößen irgendwie festgelegt ist. Das heißt, daß einerseits der Motor die erforderliche Leistung entweder bei hoher Drehzahl und kleiner Belastung oder auch bei niedriger Drehzahl und hoher Last erzeugen kann, und daß anderseits die Fahrwiderstandsleistung sich zunächst auch wieder nach Fahrgeschwindigkeit und Fahrwiderstandskraft beliebig zusammensetzen kann, und daß außerdem die Fahrwiderstände in ihrer Verteilung auch nicht immer die gleichen sind, denn es kann dieselbe Fahrwiderstandskraft auftreten entweder auf guter Straße durch eine Steigung oder eine Beschleunigung oder auch auf schlechter, ebener Straße bei gleichförmiger Fahrgeschwindigkeit. Diese Vielfalt der voneinander unabhängigen Einflüsse ergab zwangsläufig, daß in früheren Kennliniendarstellungen immer einige Größen als konstant angenommen werden mußten, was natürlich der anzustrebenden Allgemeingültigkeit und den Vergleichsmöglichkeiten starken Abbruch tat. Dieser Mangel wurde durch das vom Verfasser entwickelte Normal-Fahrzustands-Diagramm (NFD) behoben, bei dem aus den oben angeführten Gründen, die beiden im Gleichgewicht stehenden Seiten für sich getrennt aus ihren Bestimmungsgrößen zusammengesetzt werden [144—147]. Sie sind für diesen Zweck dann nicht nach Motorleistung und

Fahrwiderstandsleistungen zu trennen, sondern zweckmäßiger nach fahrzeugbedingten und fahrbahnbedingten Einflüssen zusammenzufassen. Nach Gleichung (3) S. 2 war das Leistungsgleichgewicht der Fahrleistungen gegeben durch $N_e - N_G - N_R - N_L - N_S - N_B = 0$. An diesem Gleichgewichtszustand ändert sich nichts, wenn an Stelle der Leistungen, die mit gleicher Geschwindigkeit und zwar mit der Fahrgeschwindigkeit V arbeitenden Kräfte $P = N \frac{270}{V}$ eingesetzt werden:

$$P_e - W_G - W_R - W_L - W_S - W_B = 0 .$$

Von diesen am Umfang der Triebräder oder am Wagen angreifenden bzw. angreifend gedachten Kräften ist die Motortriebkraft P_e, der Getriebewiderstand W_G und der Luftwiderstand W_L nur von dem jeweiligen Fahrzeug und von der Fahrgeschwindigkeit abhängig. Dagegen sind für die Gewichtseinheit des Fahrzeuges die restlichen Widerstände, und zwar der Laufräder (W_R), der Steigungen (W_S) und der Beschleunigungen (W_B) nur von Fahrbahn und Fahrweise abhängig und außerdem von der Fahrgeschwindigkeit unabhängig. In diesen Gruppen zusammengefaßt lautet dann die Gleichgewichtsbedingung der in Richtung der Wagenlängsachse angreifenden Kräfte:

$$P_e - W_G - W_L = P_f = W_R + W_S + W_B, \qquad (105)$$

d. h. daß die nach Überwindung der fahrzeugbedingten Widerstände noch verbleibende „freie Zugkraft“ P_f die fahrbahnbedingten Widerstände der rechten Gleichungsseite zu überwinden hat. Wählt man nun für die Triebkräfte und Fahrwiderstände das Gewicht G_v des voll beladenen Wagens, d. h. bei voll ausgenützter, zulässiger Tragfähigkeit, als Bezugsgröße, so erhält man damit einen vom einzelnen Fahrzeug unabhängigen allgemeingültigen Maßstab einheitlich für alle Fahrzeuge. Dies bringt außerdem den Vorteil, daß man für die rechte Seite von Gleichung (105) die Zusammensetzung der Einheitswiderstände nach Straßenzustand, Steigung und Gewichtsverhältnis in einem einzigen für alle Fahrzeuge gültigen Diagramm vornehmen kann.

B. Die gleichförmigen Fahrzustände.

Aus $p_f' = p_r + p_s' + p_b'$ wird durch Einsetzen der Gleichungen (16), (6a) und (8) zunächst für gleichförmige Fahrgeschwindigkeit, also für $p_b = 0$ dann

$$p_f' = \gamma (f + \sin \alpha), \qquad (106)$$

wofür die graphische Zusammenstellung in Bild 73 gegeben ist. Andrerseits müssen dann für jedes Fahrzeug die freien Einheitstriebkräfte p_f' aus der linken Seite der Gleichgewichtsgleichung (105) in Abhängigkeit von Getriebegang und Fahrgeschwindigkeit aufgetragen werden. Für sie gilt

$$p_f' = p_e' - p_g' - p_L',$$

woraus nach Einsetzen der Gleichungen (16), (4), (5) und (7) wird:

$$p_f' = \frac{270 \cdot N_e}{G_v \cdot V} - \frac{270 \cdot N_n \cdot n}{G_v \cdot V \cdot n_0} (1 - \eta_g) - \frac{c \cdot F \cdot V^2}{207 \cdot G_v} \qquad (107)$$

Diese p_f-Werte werden nun für jeden einzelnen Getriebegang (vgl. Gleichung (15)) und alle Motordrehzahlen zunächst für Vollast und außerdem noch für konstante Werte des Streckenbrennstoffverbrauches β_k (vgl. Gleichung (17)) aufgetragen, wodurch dann das eigentliche Normal-Fahrzustands-Diagramm (NFD) entsteht, wofür Bild 72 ein Beispiel zeigt. Diese NFD sind dann für alle Fahrzeuge direkt vergleichbar, da sie ja sozusagen die spezifischen Fahrleistungsfähigkeiten des Kraftfahrzeuges angeben. Während also die Ordinaten des NFD die freien Einheitstriebkräfte in Kilogramm je Kilogramm Wagengewicht gemäß der linken Seite der Gleichgewichtsgleichung (105) darstellen, wurde die rechte Seite, d. h. die

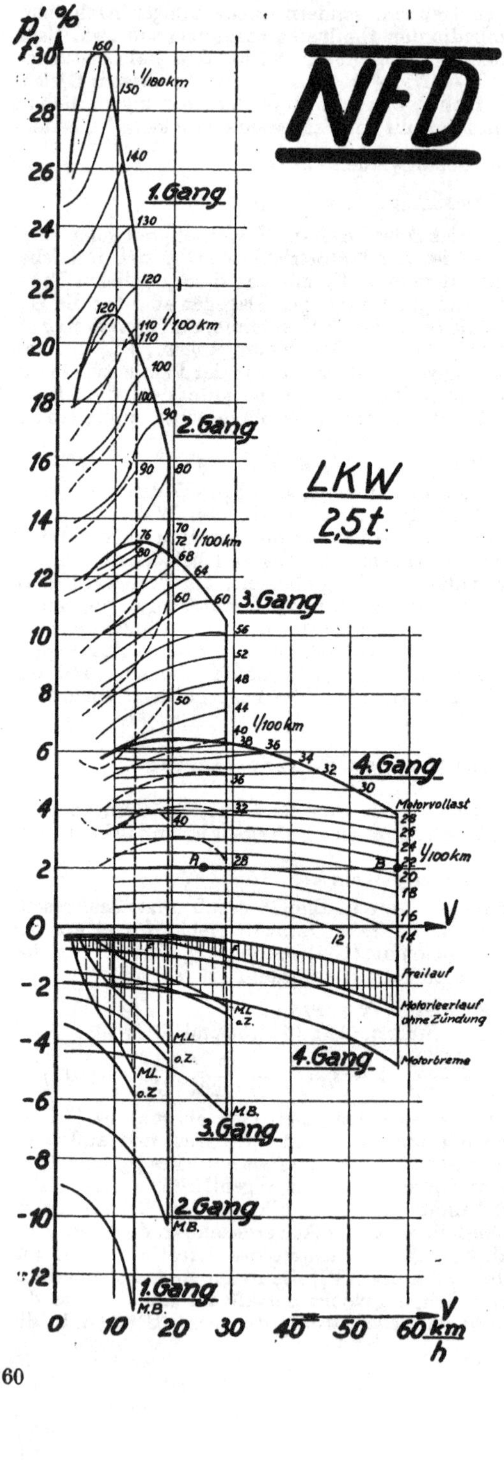

fahrbahnbedingten Einheitswiderstände für gleichförmige Fahrgeschwindigkeit wie oben beschrieben, gemäß Gleichung (106) und Bild 73 im gleichen Maßstabe zusammengesetzt. Eine entsprechende vollständige Darstellung, Auswertungs-Tafel 1 (A.T. 1) genannt, zeigt Bild 74 rechts. Durch Anlegen der A.T. 1 neben das NFD gemäß Bild 74 kann dann für die betreffende Straße und das vorliegende Wagengewicht die Fahrzustandslinie x—x für gleichförmige Fahrgeschwindigkeit als Parallele zur Abszisse in dem ermittelten Abstand $p'_f = p'_r + p'_s$ direkt eingestellt werden. Auf dieser Linie lassen sich nun für den gegebenen Kraftwagen auf der betreffenden Straße alle Möglichkeiten nach Fahrgeschwindigkeit, Kraftstoffverbrauch und Getriebegang ablesen, woraus schon wichtige Schlüsse auf die Wirtschaftlichkeit der verschiedenen Fahrweisen gezogen werden können.

Beispiel: Es sei zunächst für das NFD Bild 72 gute ebene Straße und voll beladener Wagen angenommen, dann ergibt sich nach Gleichung (106) $p'_f = 1(0,02 + 0) = 0,02$, d. h. die Linie im Abstande 0,02 oder 2% von der Abszisse stellt für diesen Fall die Fahrzustandslinie dar, auf der für jeden Punkt Fahrgeschwindigkeit und Kraftstoffverbrauch abgelesen werden kann. Im Punkte A bei 25 km/h Fahrgeschwindigkeit werden z.B. 17,8 l Benzin auf 100 km Fahrstrecke verbraucht und im Punkt B bei Höchstgeschwindigkeit von 58 km/h schon 21 l/100 km. Nun liegt in der Angabe der

Bild 72. Normal-Fahrzustands-Diagramm (NFD) eines 2,5 t LKW

Fahrgeschwindigkeit ja bereits die reziproke Angabe des Fahrzeitverbrauches je 100 km Fahrstrecke, denn bei einer Fahrgeschwindigkeit von 25 km/h werden auf 100 km Fahrstrecke 100/25 = 4 Stunden Fahrzeit verbraucht und bei 58 km/h sind es 100/58 = 1,73 h = 1 h 44'. Der Fahrzeughalter hat also zu wählen, ob er bei einer Fahrweise entsprechend Punkt A 17,6 l Benzin und 4 Stunden Fahrzeit oder nach Punkt B 21,0 l Benzin und 1 Stunde 44 Minuten Fahrzeit auf 100 km Fahrstrecke verbrauchen will. Er muß also beurteilen können, ob ihm für diesen Transport der Differenzverbrauch von 3,4 l Benzin oder von 2,27 Stunden Fahrzeit wertvoller ist, das heißt, ob er bereit ist, für jede Stunde Zeitgewinn 3,4/2,27 = 1,5 l Benzin mehr zu verbrauchen. Mit anderen Worten: der Fahrzeughalter muß bei jedem Transport wissen, was ihm die Zeit wert ist, d. h. er muß für jeden Fall seinen Zeitwertmaßstab kennen [2]. Nicht unerwähnt soll bleiben, daß der Punkt A auch im dritten Gang gefahren werden kann, wobei dann aber etwa 26 l Benzin auf 100 km verbraucht würden, sodaß für den Wagen des gewählten Beispiels nach Bild 72 immer der größtmögliche Gang zu wählen ist, wovon man sich auch durch einen Vergleich für jeden anderen Punkt des Überdeckungsbereiches überzeugen kann.

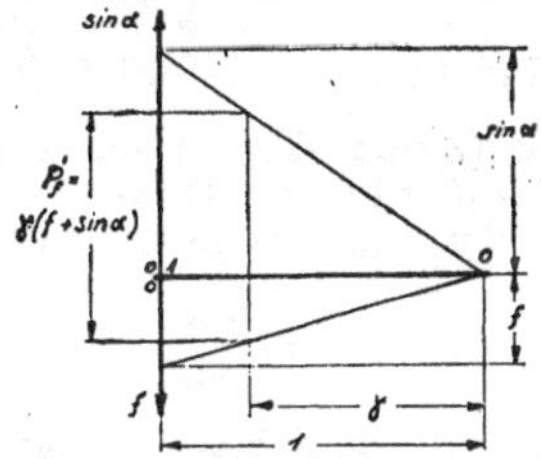

Bild 73. Schema für Auswertungstafel 1 gem. Gleichung (106)

C. Die ungleichförmigen Fahrzustände.

Für die ungleichförmigen Fahrzustände, d. h. die mit beschleunigter und verzögerter Fahrgeschwindigkeit benötigt man eine weitere Auswertungstafel Nr. 2 (A.T. 2), deren Entstehung nachstehend abgeleitet wird. Da es für die Auswertung des NFD zur Fahrplanung, d. h. zur Vorausbestimmung von Fahrzeiten und Brenn-

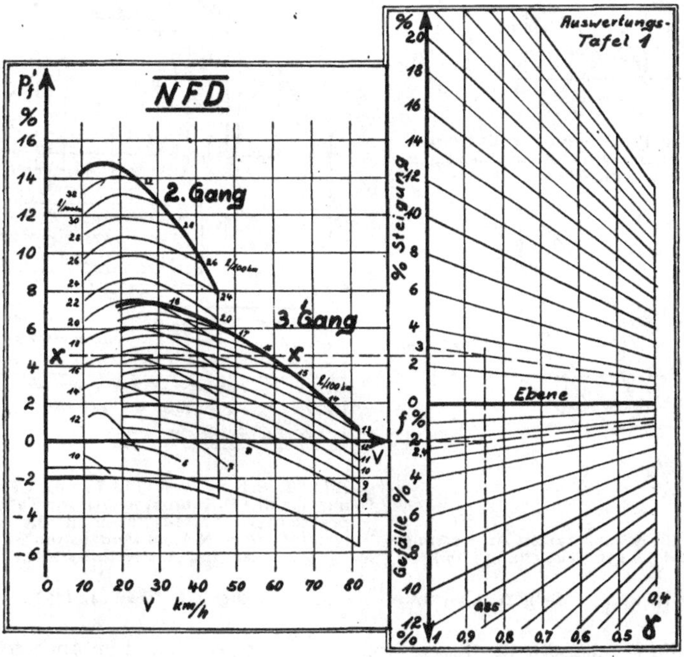

Bild 74. Normal-Fahrzustands-Diagramm eines PKW mit Auswertungstafel 1

stoffverbräuchen für bestimmte Strecken, zweckmäßiger ist, für die einzelnen Beschleunigungsperioden sogleich die Beschleunigungszeiten und Wege zu bestimmen, so wurde die Auswertung in erster Linie darauf abgestellt. In einem Normal-Fahrzustands-Diagramm, dessen freie Einheitstriebkräfte zur Beschleunigung dienen sollen, ergeben sich gemäß Bild 75 durch die Winkel α und β folgende Beziehungen [vgl. Gleichung (9) und (9a)]

$$\begin{aligned} &1. \quad \tan\alpha = \frac{p'}{1} = \frac{P}{G_v} = \frac{m' \cdot b}{G_v} = \frac{m'}{G_v} \cdot \frac{\Delta v}{\Delta t} \\ &2. \quad \tan\beta = \frac{p'}{v} = \frac{m' \cdot b}{v \cdot G_v} = \frac{m'}{G_v} \cdot \frac{\Delta v}{\Delta s} \end{aligned} \qquad (108)$$

Wird nun gemäß Bild 75 im Abstande $\frac{m'}{G_v} \cdot \Delta v$ von der Abszisse eine Parallele (Δ) zu dieser gezogen, so schneiden die freien Schenkel der Winkel α und β auf dieser Parallelen die Stücke Δt und Δs ab, denn es ist auch hier wieder (vgl. die gestrichelten Linien)

$$1. \quad \tan\alpha = \frac{\frac{m'}{G_v} \cdot \Delta v}{\Delta t} \quad \text{und} \quad 2. \quad \tan\beta = \frac{\frac{m'}{G_v} \cdot \Delta v}{\Delta s}$$

Auf dem Δ-Maßstab lassen sich also die für die Geschwindigkeitsänderungen Δv erforderlichen Wege Δs und Zeiten Δt ablesen, wenn dieser Δ-Maß-

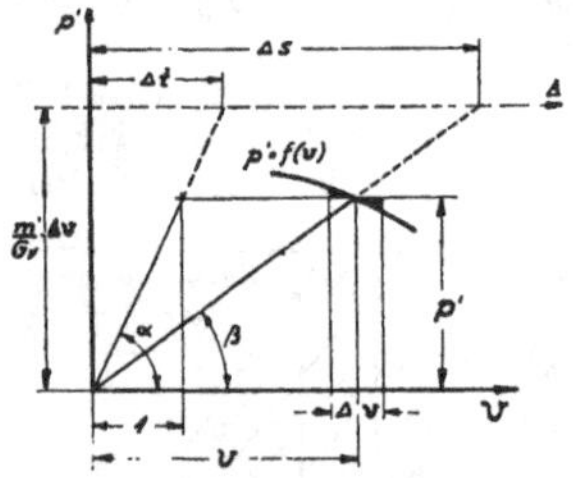

Bild 75. Schema für die Auswertung des NFD für Beschleunigungen gem. Gleichungen (108)

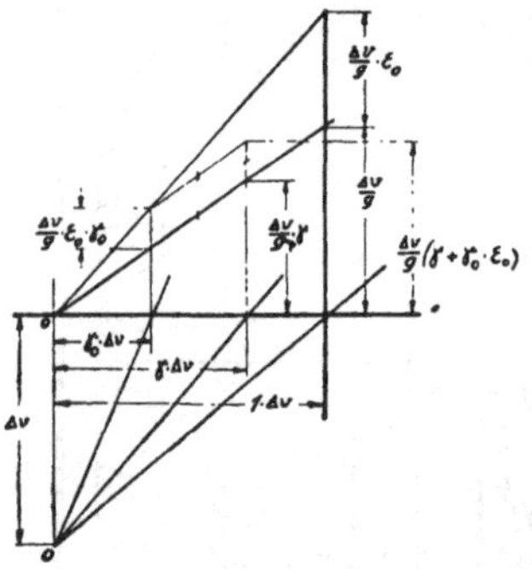

Bild 76. Schema für die Auswertungstafel 2 gem. Gleichung (109)

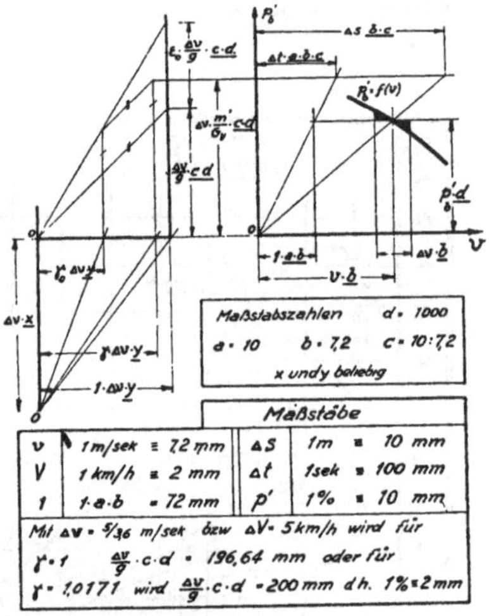

Bild 77. Schema von Bild 75 und 76 mit allgemeinen Maßstabsangaben und Tabelle praktischer Maßstabsgrößen für die Aufstellung von Normal-Fahrzustands-Diagrammen und Auswertungstafeln

stab in dem richtigen Abstande $\frac{m'}{G_v} \cdot \Delta v$ von der Abszisse angelegt wird.

Die Zusammensetzung dieser Strecke $\frac{m'}{G_v} \cdot \Delta v$ geschieht nun auch wieder zweckmäßig in einem gesonderten Diagramm. Es ist nach Gleichung (9a) $m' = \frac{G_v}{g}(\gamma + \varepsilon_0 \cdot \gamma_0)$, so daß der Abstand

$$\frac{m'}{G_v} \cdot \Delta v = \frac{\Delta v}{g}(\gamma + \varepsilon_0 \cdot \gamma_0) \qquad (109)$$

wird. Die graphische Zusammenstzung dieses Abstandes ist in Bild 76 dargestellt. Bei vorstehenden geometrischen Ableitungen waren zur Vereinfachung die einzelnen Strecken durch die Ausdrücke und Dimensionen bezeichnet, die sie darstellen sollen, während sich die Größen dieser Strecken selbst ja eigentlich erst durch Multiplikation der darzustellenden Ausdrücke mit ihrer Maßstabszahl ergeben. Diese gibt für die Dimensions-Einheit des betreffenden Ausdruckes die Anzahl der Millimeter ihrer Darstellung an. In Bild 77 ist nun die Darstellung gemäß Bild 75 und 76 mit den einzelnen Maßstabszahlen *a*, *b*, *c*, *d*, gegeben. Für einige Dimensionen setzen sich die Maßstabszahlen als Produkt aus mehreren einzelnen zusammen, wie es aus dem Bild vervorgeht. Der Leser kann es daher auch leicht übersehen, wie sich einzelne Änderungen gegenüber den normalen unter Bild 77 angegebenen Maßstäben auswirken würden. Die Angabe der normalen Maßstäbe soll es jedem Leser ermöglichen, sich danach die Normal-Fahrzustands-Diagramme mit den Auswertungs-Tafeln in einer für den Gebrauch praktischen Größe selbst anzulegen. Eine Ausführung ist in Bild 78 dargestellt.

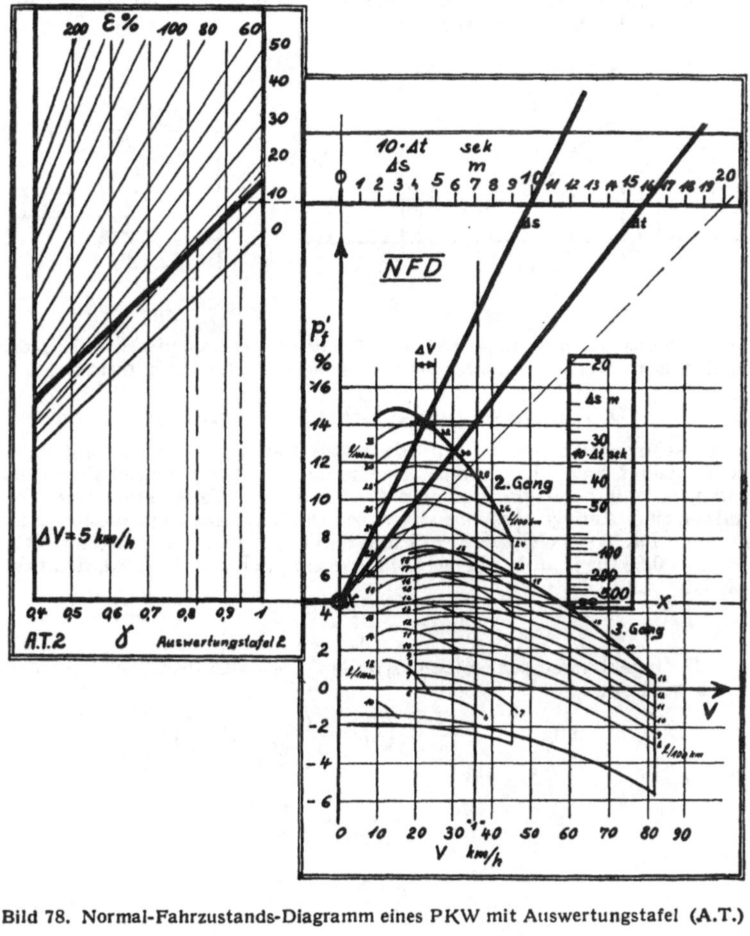

Bild 78. Normal-Fahrzustands-Diagramm eines PKW mit Auswertungstafel (A.T.) 2

Um nun gelegentlich auch die absoluten Werte der Beschleunigung bestimmen zu können, bedienen wir uns eines weiteren Diagrammes, der Auswertungs-Tafel 2a. Es war nach Gleichungen (9) und (9a)

$$p_b' = \frac{P_B}{G_v} = \frac{m' \cdot b}{G_v} = \frac{b}{g}(\gamma + \varepsilon_0 \cdot \gamma_0), \quad \text{also} \quad b = \frac{p_h'}{\frac{1}{g}(\gamma + \varepsilon_0 \cdot \gamma_0)} \qquad (110)$$

In der Auswertungstafel war nun bereits der Ausdruck $\frac{\Delta v}{g} \cdot (\gamma + \varepsilon_0 \cdot \gamma_0)$ dargestellt, wir können ihn also auch verwerten zur Darstellung von

$$\frac{1}{g}(\gamma + \varepsilon_0 \cdot \gamma_0)$$

indem wir Δv mit als Maßstabszahl betrachten, die dann also insgesamt heißt $(c \cdot d \cdot \Delta v)$. Die Maßstabszahl für p_b' liegt mit d auch bereits aus dem NFD fest, so daß sich nach Bild 79 für den Abstand der beiden Ordinaten also für $b_0 = c \cdot \Delta v$ ergibt, wobei es dann allerdings gleichgültig ist, in welchem Maßstabe b aufgetragen wird, was ja auch auf Tafel 1 und 2 bezüglich des Maßstabes für γ gilt.

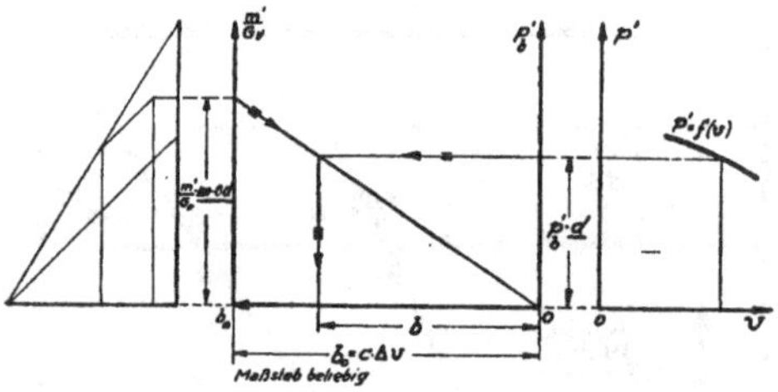

Bild 79

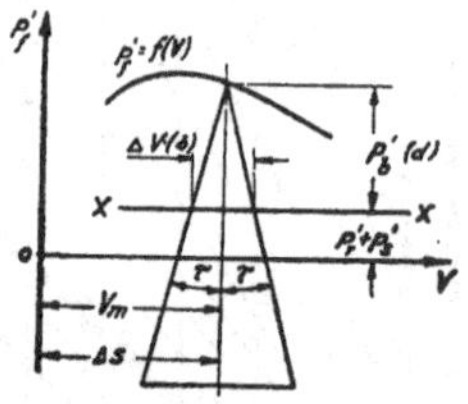

Bild 80

Bild 79. Schema der Auswertungstafel 2a zur Ermittlung der Größe der Beschleunigung
Bild 80. Schema für die vereinfachte Beschleunigungsauswertung gem. Gleichung (111)

D. Vereinfachtes Auswertungsverfahren.

Da es in vielen Fällen auf die letzte Genauigkeit nicht ankommt bzw. es genügt, wenn die Fahrzustände für das volle Wagengewicht ermittelt werden, so soll noch ein einfaches Verfahren des Verfassers unter Verwendung einer Auflegeschablone angegeben werden. Genau gilt diese nur für den einen Fall $G' = Gv$ bzw. $\gamma = 1$ und den angenommenen Durchschnittswert $\varepsilon_0 = 0{,}09$ für $\gamma_0 = 1$. Die Ableitung ergibt sich aus Bild 80, denn danach ist

$$\text{tang}\,\tau = \frac{\frac{1}{2}\Delta v \cdot (b)}{p_b' \cdot (d)},$$

worin die eingeklammerten Größen (b) und (d) die Maßstabszahlen darstellen. Daraus wird dann

$$\text{tang}\,\tau = \frac{\Delta v \cdot G_v}{2 \cdot m' \cdot b}\left(\frac{b}{d}\right) = \frac{G_v}{2 \cdot m'} \cdot \Delta t \cdot \left(\frac{b}{d}\right)$$

und mit

$$\frac{G_v \quad g}{m'\gamma + \varepsilon_0 \cdot \gamma_0} = \frac{g}{1 + \varepsilon}$$

wird dann

$$\text{tang}\,\tau = \frac{g \cdot \Delta t}{(1 + \varepsilon) \cdot 2} \cdot \left(\frac{b}{d}\right), \qquad (111)$$

das heißt, daß zu jedem Winkel τ auch eine konstante Zeit Δt gehört. Wird nun $\Delta t = 3{,}6$ sek gesetzt, so ergibt das den zugehörigen Winkel:

$$\operatorname{tang} \tau = \frac{9{,}81 \cdot 3{,}6 \cdot 7{,}2}{1{,}09 \cdot 2 \cdot 1000} = 0{,}1166 \quad \text{und} \quad \sphericalangle \tau = 6^0\, 39'\, 10''. \qquad (112)$$

Ferner ist $\Delta s = v_m \cdot \Delta t$ und da Δt konstant angenommen wurde, so ist Δs proportional v_m. Der Δs-Maßstab ergibt sich aus

$$\Delta s = 3{,}6 \cdot v_m = 3{,}6 \cdot \frac{V_m}{3{,}6} = V_m \qquad (113)$$

Man kann also hierbei den besonderen Δs-Maßstab sparen und die Wegstrecke Δs in Meter als die Zahl der mittleren Fahrgeschwindigkeit V_m des Intervalles ablesen. Aus dieser Ableitung ergibt sich auch schon die Anwendung der Auflegeschablone. Nachdem Straßenzustand und Steigung durch entsprechende Verschiebung der Abszisse berücksichtigt sind, wird die Schablone so angelegt, daß der Scheitelpunkt der Winkel τ auf der p'-Kurve liegt, nach der beschleunigt werden soll, und der linke Schenkel des linken τ-Winkels bei der Ausgangsgeschwindigkeit V_1 für die Beschleunigung durch die hierfür geltende $p_b' = 0$-Abszisse $x — x$ geht, dann ist am rechten Schenkel des rechten τ-Winkels das Ende V_2 der ersten Geschwindigkeitsstufe ΔV abzulesen und auf dem V-Maßstabe im Schnittpunkt mit der senkrechten Mittellinie zwischen den beiden Winkeln τ der zugehörige Weg Δs, der in der durch den Winkel τ gegebenen Zeit Δt zurückgelegt wurde. Dann wird die Schablone neu aufgelegt, so daß der Geschwindigkeitsendpunkt der ersten Beschleunigungsstufe jetzt Anfangspunkt der zweiten wird usf., vgl. Bild 81, wobei der τ-Scheitelpunkt immer auf die p'-Kurve gelegt wird, nach der beschleunigt werden soll. Für die obigen Annahmen kann nun auch die absolute Größe der Beschleunigung leicht abgelesen werden, da jetzt p_b' proportional b ist, da

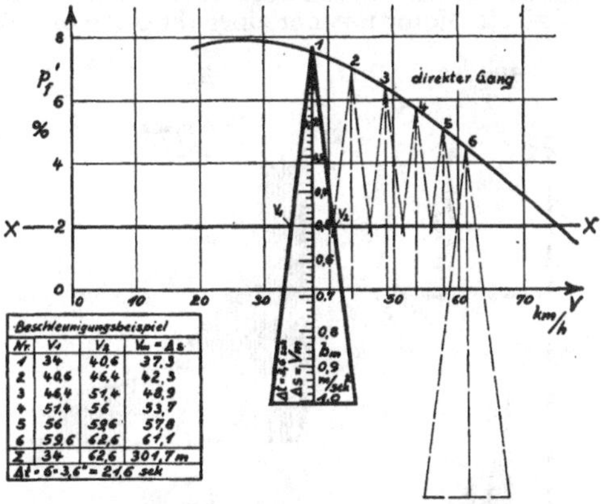

Beschleunigungsbeispiel			
Nr.	V_1	V_2	$V_m = \Delta s$
1	34	40,6	37,3
2	40,6	46,4	42,3
3	46,4	51,4	48,9
4	51,4	56	53,7
5	56	59,6	57,8
6	59,6	62,6	61,1
Σ	34	62,6	301,7 m
$\Delta t = 6 \cdot 3{,}6'' = 21{,}6$ sek			

Bild 81. Beispiel für die Anwendung der Auflegeschablone zur Ermittlung der Fahrzeiten, Wege, Geschwindigkeiten und Beschleunigungen während ungleichförmiger Fahrzustände

$$b = \frac{p_b' \cdot g}{(\gamma + \varepsilon_0 \cdot \gamma_0)} = p_b' \cdot \frac{9{,}81}{1{,}09} = 9 \cdot p_b', \qquad (114)$$

womit sich dann auch der Maßstab für die Beschleunigung ergibt zu

$$1 \text{ cm} \equiv \frac{9 \cdot 10}{1000} = 0{,}09 \text{ m/sek}^2 \quad \text{oder} \quad 11{,}111 \text{ cm} \equiv 1 \text{ m/sek}^2.$$

Dieser Maßstab, auf der Mittellinie des τ-Keiles von der Spitze aus abgetragen, gibt an seinem Schnitt mit der $p_b' = 0$-Abszisse $x — x$ den Wert der Beschleunigung in m/sek² an.

Für Verzögerungen wird sinngemäß verfahren, indem dann umgekehrt die Auflegeschablone von der $p_b' = 0$-Abszisse $x — x$ mit der Spitze nach unten auf die jeweilige Motorzustandslinie aufgelegt wird.

Für das Beispiel von Bild 81 gibt die links darunterstehende Tabelle die einzelnen Ablesungen an. Die erste Stellung der Schablone gilt also für die

Beschleunigung von 34 auf 40,6 km/h, wozu 3,6 Sekunden und 37,3 m Fahrweg (mittlere Geschwindigkeitszahl) benötigt werden, und zwar, wie aus der Schablone ferner noch abzulesen ist, bei einer mittleren Beschleunigung von 0,5 m/sek².

20. Getriebeübersetzungsverhältnisse.

Sie werden nach verschiedenen Gesichtspunkten beurteilt:

A. Stetiger Verlauf der Zugkräfte.
B. Kleinster Kraftstoffverbrauch.
C. Größte Beschleunigung.

A. Getriebeübersetzungen und stetiger Verlauf der Zugkräfte.

a. Anforderungen und Wertung.

Um die Aufgaben der Arbeitsgemeinschaft Motor und Getriebe richtig zu erkennen, gehen wir von dem einfachsten und idealen Fall aus. Wir nehmen an, daß ein Motor mit nur einer (konstanten) Drehzahl (wie im stationären

Bild 82 Bild 83 Bild 84

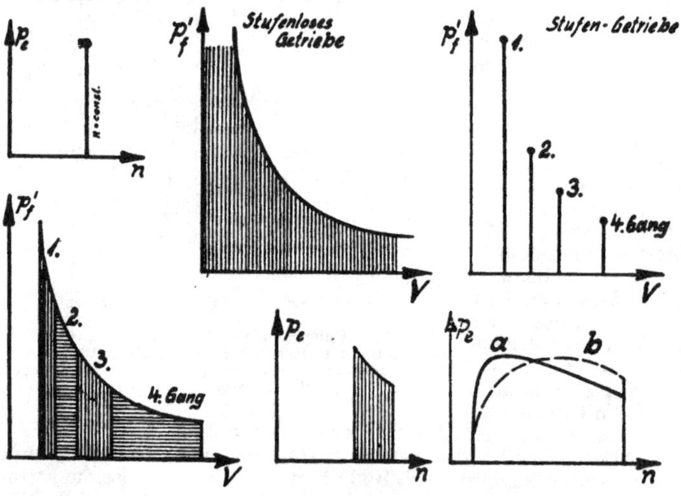

Bild 85 Bild 86 Bild 87

Bild 82. Kennlinie eines (stationären) Motors mit konstanter Drehzahl
Bild 83. Normal-Fahrzustands-Diagramm eines Kraftfahrzeuges mit Motor konstanter Drehzahl und stufenlosem Getriebe
Bild 84 Normal-Fahrzustands-Diagramm eines Kraftfahrzeuges mit Motor konstanter Drehzahl, aber mit Stufengetriebe
Bild 85. Normal-Fahrzustands-Diagramm eines Kraftfahrzeuges mit Stufengetriebe, aber mit durch Drehzahländerung des Motors ausgefüllten Stufenlinien
Bild 86. Motorenbetriebsfeld veränderlicher Drehzahl zur Erzielung von Bild 85
Bild 87. Verlauf von Fahrzeug-Motoren-Kennlinien

Maschinenbau üblich) in Verbindung mit einem stufenlosen Getriebe vorläge. Hierbei wäre es sinnfälliger, dieses als Getriebe mit unendlich vielen Stufen zu bezeichnen. In Bild 82 und 83 sind Motorenkennlinie und Normal-Fahrzustands-Diagramm dargestellt. Dabei ist vorerst vom Luftwiderstand abgesehen, so daß sich für die freie Zugkraft eine Hyperbel konstanter Leistung ergibt. Diese ideale Zusammenstellung ermöglicht es, sich jeder Belastungsart anzupassen, nämlich kleinen Zugkräften bei hoher Fahrgeschwindigkeit und großen Zugkräften bei niederer Geschwindigkeit, so daß immer die Möglichkeit besteht, für jede erforderliche Zugkraft mit der aus der Höchstleistung des Motors bedingten größten Fahrgeschwindigkeit zu fahren. Nun haben die Getriebe aber üblicherweise nur wenige Stufen. Würden wir dann unseren oben angenommenen Motor konstanter Drehzahl mit einem Stufengetriebe zusammenarbeiten lassen, so ergäbe sich ein NFD nach Bild 84. Um nun aber im gesamten Fahrgeschwindigkeitsbereich Fahrzustände bei gleichförmiger Geschwindigkeit im Gleichgewicht halten zu können, müssen die Lücken im NFD ausgefüllt, bzw. die Stufen des Getriebes überbrückt werden, indem der Motor aus seiner konstanten Drehzahl heraus zu veränderlicher Drehzahl gebracht wird. Soll dann wieder im NFD die ideale Anpassungsfähigkeit von Bild 83 erreicht werden, so müßte es sich gemäß Bild 85 darstellen, was wieder eine Motorenkennlinie nach Bild 86 voraussetzt, d. h. einen Motor mit veränderlicher Drehzahl, aber dabei konstanter Leistung. Der Motor muß also selbst einen Teil der Getriebeaufgaben mit übernehmen, weshalb hier auch nicht nur vom Getriebe, sondern von der Arbeitsgemeinschaft Motor und Getriebe die Rede war. Solange das Getriebe daher seinen Aufgaben alleine noch nicht gewachsen ist, muß der Motorenbauer auf die Erfüllung dieser restlichen getrieblichen Anforderungen Rücksicht nehmen. Es wird also von dem Motor über einem bestimmten

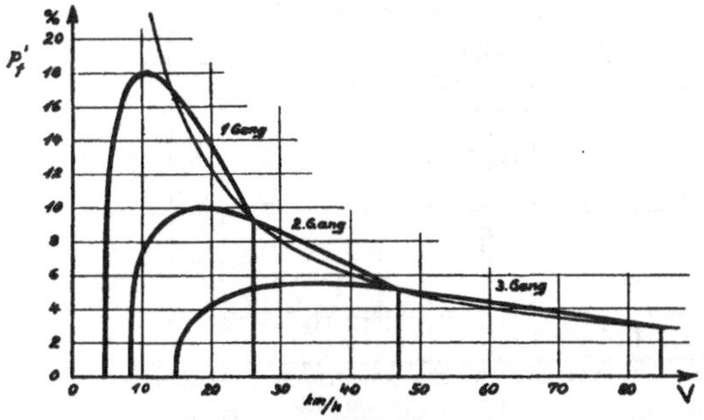

Bild 88

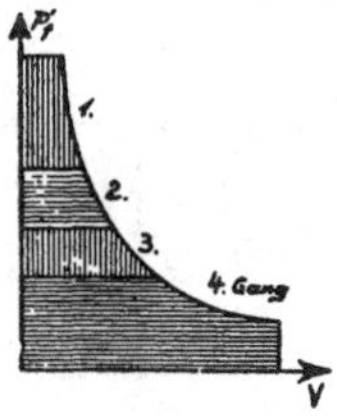

Bild 89

Bild 88. Normal-Fahrzustands-Diagramm, Getriebegänge mit vollständiger Überdeckung der Vollast-Hyperbel

Bild 89. Fahrbereich der einzelnen Gänge für wirtschaftliches Fahren, schematisch

Drehzahlbereich möglichst konstante Leistung verlangt, womit dann auch die Frage der günstigsten Motorenkennlinie entschieden ist. Normale Kennlinien liegen etwa zwischen den Kurven *a* und *b* von Bild 87, von denen die ausgezogene Kurve *a* ihrem Verlauf nach die günstigere ist, da sie dem geforderten hyperbolischen Charakter am nächsten kommt. Aus dem NFD im Bild 88 geht nun aber auch hervor, daß die hyperbolische Form nicht für den ganzen Drehzahlbereich zu fordern ist, sondern nur von höchster Drehzahl abwärts bis zur Überschneidung mit dem nächst kleineren Gang, da dann dieser den Motor mit Höchstdrehzahl übernehmen kann und auf diese Weise die ideale Vollasthyperbel fortsetzt. Daß man den Motor nun auch noch unter diesem Drehzahlbereich im Überschneidungsgebiet der kleineren Gänge arbeiten läßt, hat seinen Grund in wirtschaftlichen Vorteilen. Bei Teillast arbeitet der größere Gang in der Überdeckung nämlich überwiegend mit geringerem Kraftstoffverbrauch [2], und außerdem schont die geringere Motordrehzahl die Maschine und erhöht die Lebensdauer. Damit ergibt sich dann die beste Fahrweise durch eine Aufteilung des Gesamtfahrbereiches schematisch gesehen nicht nach Bild 85, sondern nach Bild 89. Anderseits erkennt man aus Bild 88 auch, daß man mit um so geringerer Gangzahl auskommen wird, je ausgedehnter das hyperbolische Stück der Motorenkennlinie ist. Man kann daher schon aus einer gegebenen Motorenkennlinie

z. B. Bild 90 ablesen, wie groß der Übersetzungssprung zwischen den einzelnen Getriebestufen höchstens sein darf, will man vollständige Ausfüllung der idealen NFD-Hyperbel erreichen. Zu diesem Zweck legt man die Hyperbel konstanter Leistung durch den Vollastpunkt (A) bei höchster Drehzahl $n_{\max}$. Im Schnittpunkt (B) gibt uns diese Hyperbel dann die Stelle der Vollastlinie, die bei kleinerer Drehzahl n_x dieselbe Leistung hergibt. Das Verhältnis der Drehzahlen dieser beiden Kupplungspunkte A und B ergibt dann auch den Übersetzungssprung für das ideale Getriebe (vgl. Bild 88)

$$\alpha_i = \frac{n_{\max}}{n_k} \tag{115}$$

Ist nun aber der tatsächliche Sprung größer, z. B. nach Bild 91, so wird der Motor mit weiter steigendem Drehmoment bei fallender Drehzahl mit den Fahrwiderständen noch bei gleichförmiger Fahrgeschwindigkeit im Gleichgewicht bleiben bis das maximale Drehmoment im Punkt C erreicht ist. Von diesem Punkt an ist keine gleichförmige Fahrt mehr möglich, denn

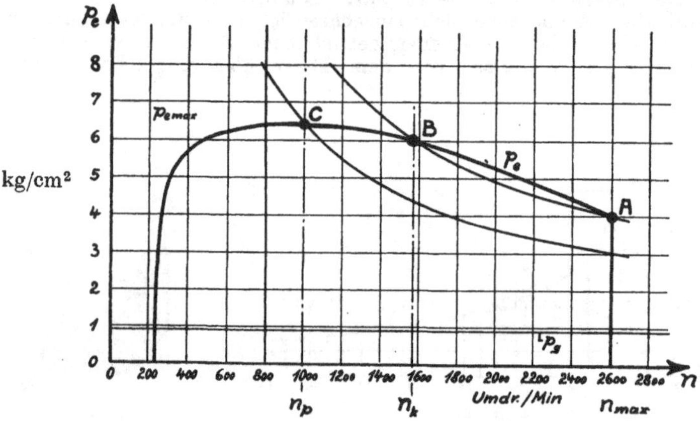

Bild 90. Kennlinien-Diagramm (eines Fahrzeug-Motors) mit eingetragenen charakteristischen Kupplungspunkten

mit weiter fallender Fahrgeschwindigkeit steigt der Fehlbetrag des Drehmomentes immer mehr an, so daß der Wagen mit wachsender Verzögerung an Geschwindigkeit verliert, und zwar solange, bis der nächst kleinere Gang die Last wieder voll aufnehmen kann. Entsprechend dem Vergaserloch bei der Beschleunigung wird der Fahrbereich mit Leistungsfehlbetrag hier als Getriebeloch bezeichnet. Zu dessen Vermeidung muß also der Übersetzungssprung kleiner sein als das Verhältnis $\alpha_{\max}$ der höchsten Motordrehzahl $n_{\max}$ zu der des höchsten Drehmomentes n_p.

$$\alpha_{\max} = \frac{n_{\max}}{n_p} \tag{116}$$

Zusammenfassend ist daher zu fordern, daß der Übersetzungssprung α der Getriebestufen zwischen dem idealen α_i und dem maximalen $\alpha_{\max}$ liegen soll:

$$\alpha_i < \alpha < \alpha_{\max} \tag{117}$$

Diesen Forderungen steht nun aber das nicht fahrtechnisch, sondern nur durch den Baupreis bedingte Bestreben gegenüber, mit möglichst wenig Getriebegängen auszukommen. Da sich zwischen den größeren Gängen, also bei höherer Fahrgeschwindigkeit ein Getriebeloch unangenehmer bemerkbar machen würde als zwischen kleineren Gängen, so erfüllt man oben die idealen Bedingungen und läßt die Übersetzungssprünge nach den kleineren Gängen hin anwachsen. Werden die Übersetzungen eines Getriebes z. B. nach einer Reihe abgestuft, wie sie in Tabelle 6 angegeben ist, so müßte

Reihenaufbau der Getriebeübersetzungen					
Gangbezeichnung			Übersetzung der einzelnen Gänge φ_Z	Übersetzungssprung zwischen den Gangstufen	Sprungfaktor
Schnellgang			$\alpha_1^{-1} \cdot \alpha_2^{1}$		
				$\alpha_1 \cdot \alpha_2^{-1}$	
Direkter Gang oder 3.	4.	z.	$\alpha_1^{0} \cdot \alpha_2^{0}$		α_2
				$\alpha_1 \cdot \alpha_2^{0}$	
2.	3.	z — 1.	$\alpha_1^{1} \cdot \alpha_2^{0}$		α_2
				$\alpha_1 \cdot \alpha_2^{1}$	
1.	2.	z — 2.	$\alpha_1^{2} \cdot \alpha_2^{1}$		α_2
				$\alpha_1 \cdot \alpha_2^{2}$	
3-Gang-Getriebe	1.	z — 3.	$\alpha_1^{3} \cdot \alpha_2^{3}$		α_2
				$\alpha_1 \cdot \alpha_2^{3}$	
	4-Gang-Getriebe	z — 4.	$\alpha_1^{4} \cdot \alpha_2^{6}$		α_2
				$\alpha_1 \cdot \alpha_2^{4}$	
		z — 5.	$\alpha_1^{5} \cdot \alpha_2^{10}$		
		1.	$\alpha_1^{z-1} \cdot \alpha_2^{(z-1)\cdot(z-2)\cdot 1/2}$		

Tabelle 6.

darin also sein

$$\alpha_2 \geqq 1. \qquad (118)$$

Wie diese Übersetzungsreihen praktisch im Durchschnitt aussehen, zeigt Bild 92 z. B. für 4-Gang-Getriebe. Danach wird unter Berücksichtigung der obenstehenden Bedingungen meist schon die Planung der Getriebeübersetzungen möglich sein.

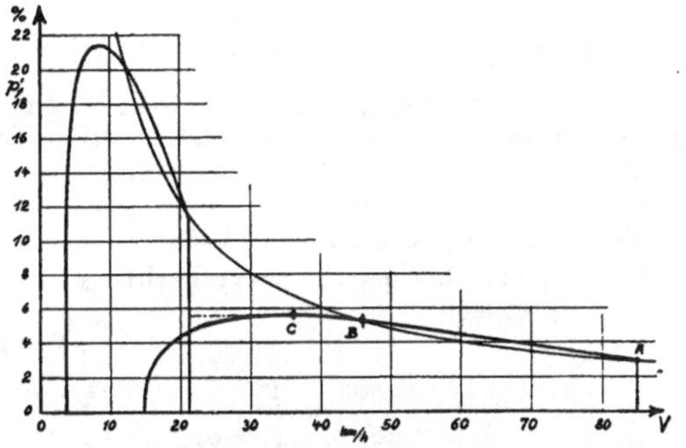

Bild 91. Normal-Fahrzustands-Diagramm zweier zu weit auseinanderliegender Getriebegänge; Getriebeloch

Als fahrtechnische Bewertung einer Motor-Getriebe-Anordnung gilt dabei das Verhältnis der vom NFD noch vollkommen überdeckten idealen Hyperbelleistung N_{hy} zu der höchsten Motorleistung N_{max}. — Der fahrtechnische Gütegrad η_f

$$\eta_f = \frac{N_{hy}}{N_{max}} \qquad (119)$$

gibt also den Teil der Motorleistung an, der für idealen hyperbolischen Fahrtverlauf über dem ganzen Fahrbereich ausgenützt werden kann.

b. Planung.

Für die Durchführung der Planung wird Gleichung (107) benutzt. Es war

$$p_i' = p_e' - p_G' - p_L'$$

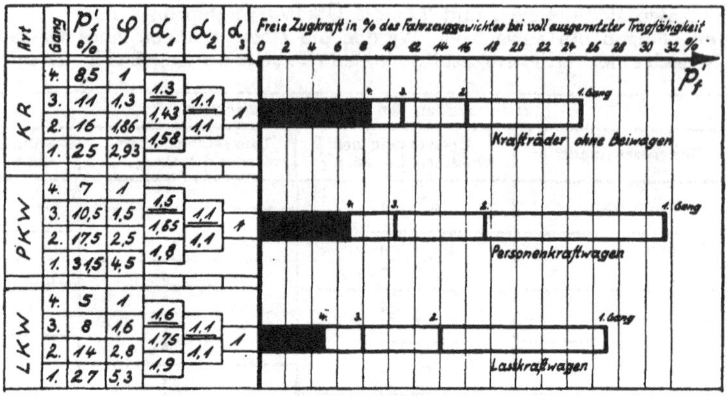

Bild 92. Durchschnitts-4-Gang-Getriebe

und darin ist

$$p'_z = p'_e - p'_G = \frac{1}{V}\left[p_e - p_{e\,\max}\,(1 - \eta_g)\right] \cdot \frac{1{,}2 \cdot V_H \cdot n}{G_v \cdot T} \qquad (120)$$

die Einheitszugkraft-Hyperbel für konstante, durch p_e und n gegebene Leistung. Von den Werten dieser Hyperbel sind dann noch die aufzubringenden Luftwiderstands-Einheitskräfte p'_L abzuziehen,

$$p'_L = \frac{c \cdot F \cdot V^2}{207 \cdot G_v} \qquad (121)$$

um damit die Planungskurve der freien Einheitszugkraft p'_f zu erhalten.

$$p'_f = p'_z - p'_L = \frac{1}{V}\left[p_e - p_{e\,\max} \cdot (1 - \eta_g)\right] \frac{1{,}2 \cdot V_H \cdot n}{G_v \cdot T} - \frac{c \cdot F \cdot V^2}{207 \cdot G_v} \cdot \qquad (122)$$

Diese Planungskurve gibt also für einen bestimmten Motorleistungszustand $p_e \cdot n = \text{const}$ und beliebige Getriebestufen die freien Einheitszugkräfte im Sinne des NFD in Abhängigkeit von der Fahrgeschwindigkeit an. Da nun die in den einzelnen Gängen maximal erreichbaren freien Zugkräfte maßgebend sind, so wird zunächst der höchste effektive Mitteldruck $p_{e\,\max}$ mit der dazugehörigen Motordrehzahl n_p in Gleichung (120) eingesetzt. Damit ergibt sich

$$p'_{z\,\max} = \frac{1}{V} \frac{p_{e\,\max} \cdot n_n \cdot \eta_a \cdot 1{,}2 \cdot V_H}{G_v \cdot T} \qquad (123)$$

$$\text{und } p'_{f\,\max} = p'_{z\,\max} - p'_L$$

Man erhält so die Hauptplanungskurve, auf der zunächst die maximalen freien Zugkräfte für die Grenzgänge festgelegt werden, und zwar, wenn keine besonderen Bedingungen gestellt wurden, wählt man für den ersten Gang etwa $p'_{f\,\max 1} = 30\,\%$ und für den direkten Gang etwa $p'_{f\,\max d} = 6\,\%$. Durch das Verhältnis der zugehörigen Fahrgeschwindigkeiten V_{p1} und V_{pd} ist dann auch das Getriebe-Übersetzungsverhältnis φ_1 des ersten Ganges gegeben

$$\varphi_1 = \frac{V_{pd}}{V_{p1}} \qquad (124)$$

Solange der Luftwiderstand noch nicht merklich in Erscheinung tritt, stimmt dieses Verhältnis mit dem der angenommenen maximalen p'_f-Werte für die Grenzgänge überein. Nun ist erst einmal zu klären, wieviel Gangstufen in

Frage kommen. Nach den Gleichungen (115) und (116) war das ideale (α_i) und das maximale (α_{max}) Stufenverhältnis gegeben. Die Stufenzahl ergibt sich dann, vorerst unter der Voraussetzung $\alpha_2 = 1$, aus folgenden Beziehungen

$$\alpha_i^{z-1} = \varphi_1 \quad \text{und} \quad \alpha_{max}^{z-1} = \varphi_1 \quad \text{zu}$$

$$z_i = 1 + \frac{\log \varphi_1}{\log \alpha_i}$$

und (125)

$$z_{min} = 1 + \frac{\log \varphi_1}{\log \alpha_{max}}$$

Für die Ausführung wird dann ein ganzzahliger Zwischenwert z zwischen z_i und z_{min} gewählt. Tatsächlich wird das Getriebe gemäß Tabelle 6 ja nun mit wachsendem Sprung ausgeführt, d. h. nicht $\alpha_2 = 1$, sondern $\alpha_2 > 1$ und zwar meist $\alpha_2 = 1{,}1$ gewählt. Es ist dann aus der allgemeinen Gleichung der Tabelle 6 (unten)

$$\alpha_1 = \sqrt[z-1]{\frac{\varphi_1}{\alpha_2^{(z-1)\cdot(z-2)\cdot 1/2}}} \tag{126}$$

Damit können nun die Übersetzungsverhältnisse sämtlicher Gänge nach Tabelle 6 berechnet werden und dann die Punkte höchsten Drehmomentes für alle Gänge in der Planungskurve festgelegt werden, indem diese Geschwindigkeit V_{pd} des direkten Ganges durch die Übersetzungszahlen φ_z dividiert wird:

$$V_{pz} = \frac{V_{pd}}{\varphi_z} \tag{127}$$

Um nun das ganze NFD einfach ergänzen zu können, wird zunächst die Leistungshyperbel bzw. die Planungskurve p_f' nach Gleichung (122) für Höchstdrehzahl und Vollast berechnet und die Kurve dann in das NFD eingetragen. Hier ergeben sich die Eckpunkte der Fahrbereiche für die einzelnen Gänge dann durch den Schnitt mit der zu $V_{max\,z} = V_{p_z} \cdot \alpha_{max}$ ermittelten Grenzgeschwindigkeiten der einzelnen Gänge. Nun hatten wir oben schon gesehen, daß die Vollastleistung bei höchster Drehzahl n_{max} im allgemeinen auch noch einmal bei Vollast und geringerer Drehzahl n_k erreicht wird. Es gilt also die letzte NFD-Kurve auch gleichzeitig für diesen Punkt B, vgl. Bild 90, für den die zugehörige Fahrgeschwindigkeit zu $V_{kz} = \frac{V_{max\,z}}{\alpha_i} = V_{pz} \frac{\alpha_{max}}{\alpha_i}$ ermittelt und in das NFD eingetragen wird. Nun werden auch noch für einige andere Leistungen die p_f'-Kurven bestimmt, bis von jedem Gang so viele Punkte festliegen, daß das NFD eingetragen werden kann. Entspricht dieses nun bezüglich der Übergänge oder der höchsten Fahrgeschwindigkeit nicht den Wünschen, so kann jetzt leicht die Einteilung noch verändert werden, da die p_f'-Kurven konstanter Motorleistung ja einmal festliegen und man lediglich die Punkte auf diesen, den veränderten Übersetzungsverhältnissen entsprechend, zu verschieben braucht. Bezüglich der normal erreichbaren Höchstgeschwindigkeit sei noch darauf hingewiesen, daß diese nicht im Schnittpunkt mit der Abszisse liegt, sondern ebene gute Fahrbahn vorausgesetzt, etwa bei $p_f' = 2\,\%$. Bei der Planung zusätzlicher Gänge als „Schnell"-Gänge ist darauf besonders zu achten, da es sich hierbei doch meist nur um „Schon"-Gänge handelt, weil nämlich ihre Schnittpunkte mit der $p_f' = 2\,\%$-Linie nicht immer bei höherer Fahrgeschwindigkeit liegen, ihre Vorteile demnach nur in geringerer Motordrehzahl und niedrigerem Kraftstoffverbrauch liegen. Ein richtiger Schnellgang ist also dadurch gekennzeichnet, daß im NFD sein Vollast-

Schnittpunkt mit der $p'_f = 2\%$-Linie bei größerer Fahrgeschwindigkeit liegt als der des direkten Ganges. Nach Festlegung des NFD wird dann das Übersetzungsverhältnis der Hinterachse bzw. der Triebachse nach Gleichung (15) aus dem direkten Gange ermittelt.

$$\varphi_h = \frac{6 \cdot \pi \cdot D \cdot n_p}{100 \cdot V_p} \qquad (128)$$

Für ausgeführte Viergang-Getriebe zeigt Bild 92 Durchschnittswerte der Übersetzung und der in den einzelnen Gängen erreichbaren freien Einheitszugkräfte. Diese Angaben können als Anhaltspunkte für die Planung dienen.

c. Beispiel.

Die Getriebeübersetzungsverhältnisse für einen 1,5-t-Lieferwagen sind zu bestimmen. Der Wagen hat $G_v = 3500$ kg bei 1600 kg Tragfähigkeit, also $G_{min} = 1900$ kg $= 54{,}3\%\ G_v$, Motorhubvolumen $V_H = 3{,}5$ l und Motorenkennlinie für Vollast nach Bild 90, Triebwerkswirkungsgrad $\eta_g = 0{,}86$, Projektion des Wagens in Fahrtrichtung $F = 3{,}6$ m²; Luftwiderstandsbeiwert $c = 0{,}86$. Entsprechend Gleichung (120) wird dann für $p_{e\,max}$

$$p'_z \cdot V = \frac{6{,}4 \cdot 1000 \cdot 0{,}86 \cdot 1{,}2 \cdot 3{,}5}{3500 \cdot 4} = 1{,}65 \equiv 165\%\ \text{km/h}.$$

Getriebe-Planungskurven (Beispiel) für Bild 93 und folgende.

1	2	3	4	5	6	7	8
V	p'_L	($p'_z \cdot V = 165\%$)		($p'_z \cdot V = 242\%$)		($p'_z \cdot V = 76{,}5\%$)	
		p'_z	p'_f	p_z	p'_f	p'_z	p'_f
km/h	%	%	%	%	%	%	%
6	0,02	27,50	27,48	40,40	40,38	12,76	12,74
10	0,04	16,50	16,46	24,20	24,16	7,65	7,61
20	0,17	8,25	8,08	12,10	11,93	3,83	3,66
30	0,39	5,50	5,11	8,06	7,67	2,55	2,16
40	0,69	4,13	3,44	6,05	5,36		
60	1,54	2,75	1,21	4,04	2,50		
80	2,74	2,06	— 0,68	3,02	0,28		
100	4,29	1,65	— 2,64	2,42	— 1,87		
120	6,20	1,38	— 4,82	2,02	— 4,18		

Tabelle 7.

In Tabelle 7 Spalte 3 sind die Einzelwerte von p'_z für verschiedene V-Werte eingetragen, die dann in Bild 93 dargestellt sind. Der Luftwiderstand gemäß Gleichung (121)

$$p'_L = \frac{0{,}86 \cdot 3{,}6 \cdot V^2}{207 \cdot 3500} = \frac{V^2}{233300} = V^2 \cdot \frac{1}{2333}\ \%$$

ist in Tabelle 7 Spalte 2 ausgerechnet und dann in Bild 93 von p'_z aus nach unten abgetragen entsprechend Gleichung (122). Diese p'_f-Werte sind auch in Tabelle 7 Spalte 4 ($p'_f = p'_z - p'_L$) ausgerechnet. Nach Bild 90 ist ferner $n_p = 1000$ Umdr./Min.; $n_k = 1560$ und $n_{max} = 2600$ Umdr./Min., damit wird nach Gleichungen (115) und (116)

$$\alpha_i = \frac{2600}{1560} = 1{,}67 \text{ und } \alpha_{max} = \frac{2600}{1000} = 2{,}6\,.$$

1. Entwurf: Die maximalen Werte für die Grenzgänge seien mit $p'_{f\,max} = 30\%$ und $p'_{fd\,max} = 5\%$ gewählt, diese Werte in Bild 93 eingetragen, ergeben Fahrgeschwindigkeiten von 5,5 und 30,5 km/h, damit wird dann gemäß Gleichung (124) $\varphi_1 = \frac{30{,}5}{5{,}5} = 5{,}55$.

Die Stufenzahl wird dann nach Gleichungen (125) ermittelt, oder wir helfen uns einfacher, indem wir nacheinander die Potenzen von α_i und α_{max} bilden und sehen, welche in der Nähe des geforderten $\varphi_1 = 5{,}55$ liegen.

Gangzahl	Potenz	α_i	α_{max}
2	1	1,67	2,6
3	2	2,79	6,76
4	3	4,66	17,58
5	4	7 76	

Für α_i liegt z zwischen 4 und 5 und für α_{max} zwischen 2 und 3. Es soll dahe zunächst versucht werden (zumal bei steigendem Sprung), mit einem 3-Gang-Getriebe auszukommen. Mit $\alpha_2 = 1,1$ wird dann nach Gleichung (126)

$$\alpha_1 = \sqrt{\frac{5,55}{1,1}} = 2,24$$

Damit können dann nach Tabelle 6 die einzelnen Übersetzungsverhältnisse berechnet werden, sie sind in Tabelle 8 Spalte 2 eingetragen und dazu in Spalte 3 die Fahrgeschwindigkeiten. Zur Ergänzung des NFD berechnen wir nach Gleichung (120) noch die p_f'-Linie konstanter Leistung für Höchstdrehzahl

$$p_z' \cdot V = [4 - 6,4(1 - 0,86)] \cdot \frac{1,2 \cdot 3,5 \cdot 2600}{3500 \cdot 4} = 2,42 \equiv 242\,\%,$$

wofür die p_z'-Werte in Tabelle 7 Spalte 5 zu finden sind. Auch davon wieder die p_L'-Werte der Spalte 2 abgezogen, ergibt die p_f'-Werte Spalte 6, während die dazu gehörigen Fahrgeschwindigkeiten der einzelnen Gänge in Tabelle 8 Spalte 4 eingetragen sind. Die letzte p_f'-Kurve gilt ja nun auch noch für $n_k = 1560$ Umdr./Min., wofür die Fahrgeschwindigkeiten in Tabelle 8 Spalte 5 zusammengestellt sind. Zur Ergänzung wird dann noch ein Punkt $n = 500$ Umdr./Min. und $p_e = 6$ at durchgerechnet, vgl. Tabelle 7 Spalte 7 und 8. Die dazugehörigen Geschwindigkeiten sind in Tabelle 8 Spalte 6 eingetragen. Danach läßt sich dann für diesen Getriebeentwurf das NFD-Bild 94 auftragen, aus dem wir nun folgendes ersehen: An den Übergangsstellen zwischen den Gängen entstehen ziemliche Lücken, die sich bei der Fahrt unangenehm bemerkbar machen können. Ferner fällt der äußerst flache Verlauf des direkten Ganges bei hohen Fahrgeschwindigkeiten auf, der eine höchste normale Fahrgeschwindigkeit (bei $p_f = 2\,\%$) von 67 km/h ergibt, während der Motorhöchstdrehzahl 79 km/h entsprächen.

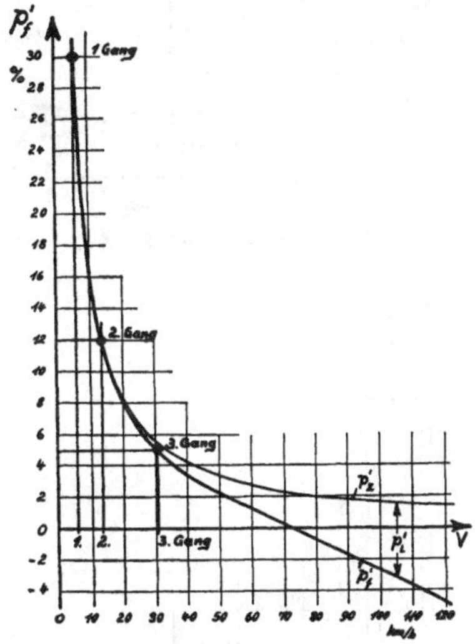

Bild 93. Getriebe-Planungs-Kurven

2. Entwurf: Da es sich nun hier um einen Motor mit verhältnismäßig niederer Drehzahl handelt, so brauchen wir keine Rücksicht darauf zu nehmen, daß der Motor bei Höchstgeschwindigkeit nicht mit Höchstdrehzahl läuft, sondern können unsere Übersetzung so ändern, daß entsprechend der p_f'-Kurve $p_z' \cdot V = 242\,\%$ der Motor mit seiner Höchstdrehzahl $n = 2600$ Umdr./Min. bei $V = 65$ km/h liegt. V_p wäre

Getriebe-Planungs-Beispiel; 1. bis 4. Entwurf.

1	2	3	4	5	6	7	8
Gang z	φ_z	Fahrgeschwindigkeiten V für $n = 1000$	$n = 2600$	$n = 1560$	$n = 500$	$n = 240$	
3. 2. 1.	1 2,24 5,45	30,5 13,6 5,5	79,3 35,4 14,3	47,5 21,2 8,6	15,25 6,8 2,75	7,3 3,3 1,3	Tabelle 8 Entwurf 1
3. 2. 1.	1 2,03 4,55	25 12,3 5,5	65 32 14,3	39 19,2 8,6	12,5 6,15 2,75	6 3 1,3	Tabelle 9 Entwurf 2
3. 2. 1.	1 1,8 3,57	25 13,9 7	65 36,1 18,2	39 21,6 11,7	12,5 7 3,5	6 3,4 1,7	Tabelle 10 Entwurf 3
4. 3. 2. 1.	1 1,6 2,82 5,45	30,5 19,1 10,8 5,5	79,3 49,5 28,1 14,3	47,5 29,7 16,8 8,6	15,25 9,55 5,4 2,75	7,3 4,56 2,59 1,3	Tabelle 11 Entwurf 4

Tabellen 8—11.

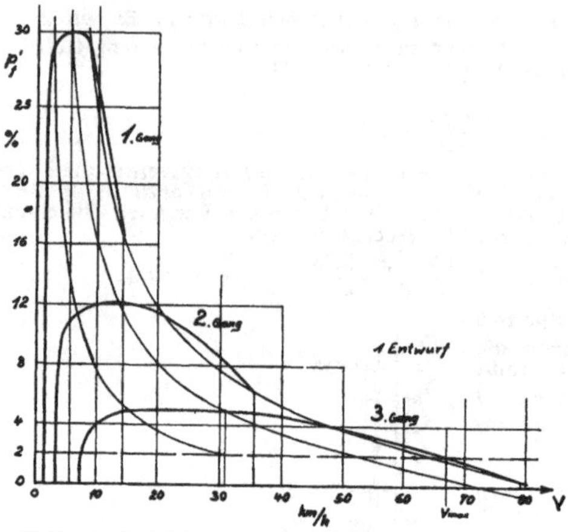

Bild 94. Getriebe-Planungs-Beispiel, 1. Entwurf

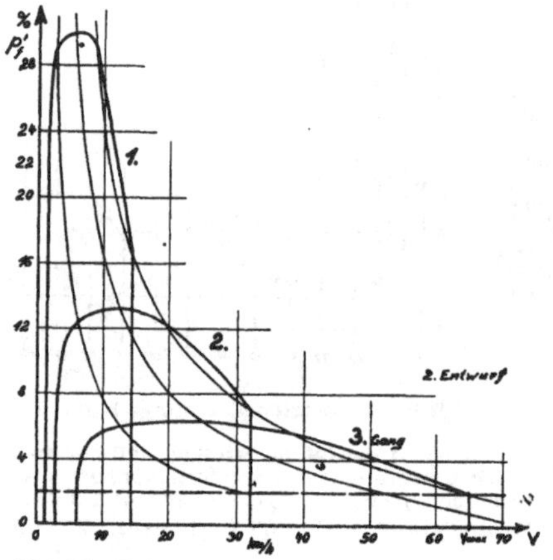

Bild 95. Getriebe-Planungs-Beispiel, 2. Entwurf

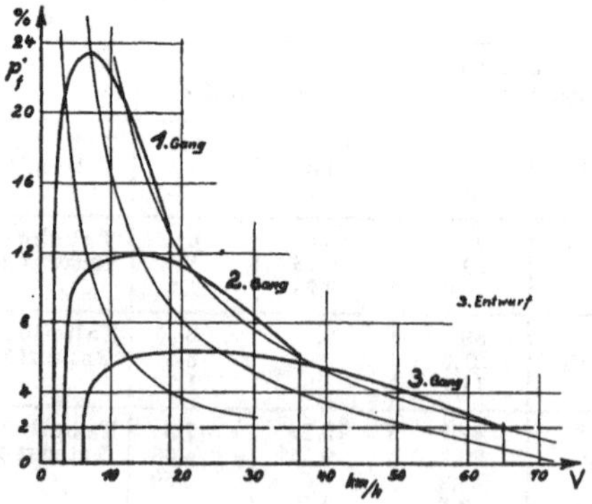

Bild 96. Getriebe-Planungs-Beispiel, 3. Entwurf

dann $\frac{65}{2,5} = 25$ km/h, und da der 1. Gang liegen bleibt, so wird $\varphi_1 = \frac{25}{5,55} = 4,55$. Damit wird dann $\alpha_1 = \sqrt{\frac{4,55}{1,1}} = 2,03$, woraus sich dann die Übersetzungen der einzelnen Gänge ergeben, entsprechend Tabelle 9 Spalte 2, wobei gegenüber dem vorigen Entwurf der 1. Gang liegen bleibt, d. h. daß neben den Stufenänderungen die Hinterachsübersetzung sich auch geändert hat, und zwar im Verhältnis 5,55 : 4,55. Die einzelnen Fahrgeschwindigkeiten sind in Tabelle 9 zusammengestellt und in Bild 95 dargestellt. Dieses Getriebe ist so nun schon gut brauchbar.

3. Entwurf: Es ließe sich höchstens noch eine Änderung vertreten, wenn der Wagen nicht für ausgesprochenes Bergland vorgesehen ist, daß man nämlich dann die Grenze $p_{f\,max}' = 30\,\%$ nur für den halbbeladenen Wagen verlangt, d. h.

$$G' = 1900 + 800 = 2700 \text{ kg}$$

gegenüber $G_v = 3500$, so daß die neue p_f'-Grenze wird

$$p_f'\max = 30 \cdot \frac{2700}{3500} = 23,1\,\%.$$

die wir mit rund 23,5 % dem Entwurf 3 zugrunde legen. Es wird dann $V_{p_1} = 7$ km/h; V_{p_3} bleibt 25 km/h, so daß $\varphi_1 = \frac{25}{7} = 3,57$ und $\alpha_1 = \sqrt{\frac{3,57}{1,1}} = 1,8$ wird. Die Übersetzungen und Fahrgeschwindigkeiten in den einzelnen Gängen sind in Tabelle 10 angegeben und in Bild 96 ist das NFD dargestellt. Zwischen dem 3. und 2. Gang ist der Übergang sehr gut und auch zum 1. Gang ist der Übergang vom 2. Gang noch als gut zu bezeichnen. Dieses Getriebe wäre also als zweckmäßigstes auszuführen, wo es sich nicht um besonders stark bergiges Gelände handelt, denn bis 20 % Steigung schafft er voll beladen auch so noch.

4. Entwurf: Nun ist aber noch eine andere Frage zu beantworten, nämlich ob es sich lohnt, für unbelasteten Wagen also für leere Rückfahrten noch einen Schnellgang anzuwenden. Da hier der normale Rollwiderstand der Laufräder

$$P_R = f \cdot G' = 0,02 \cdot 0,543 \cdot G_v$$

ist, also bei etwa $p_f' = 1\,\%$ liegt, so würde sich dafür eine Übersetzung lohnen, wie etwa im ersten Entwurf der 3. Gang, da damit dann die Höchstgeschwindigkeit auf 75 km/h gesteigert werden kann. Zwischen die Grenzen des 1. Entwurfes müßten also nun noch 2 Stufen gelegt werden, d. h. mit $\varphi_1 = 5{,}55$ und $\alpha_2 = 1{,}1$ würde

$$\alpha_1 = \frac{\sqrt[3]{5{,}55}}{1{,}1} = 1{,}6\,.$$

Die einzelnen Werte sind in Tabelle 11 eingetragen und auf Bild 97 dargestellt. Zwischen dem 3. und 4. Gang ergibt sich hier sogar eine zusätzliche Überschneidung, da ja $\varphi_3 < \alpha_i$ ist. Mit diesem 4-Gang-Getriebe kann man nun allen Anforderungen gerecht werden, mit vollem Wagen alle vorkommenden Steigungen befahren und auch mit leerem Wagen die volle Leistung zur Erzielung der größtmöglichen Fahrgeschwindigkeit ausnutzen. Hinzu kommt noch, daß bei gleichen Fahrzeiten auch Kraftstoff gespart werden kann, da durch die größere Anpassungsfähigkeit der 4 Gänge mehr in verbrauchsmäßig günstigen Motorbelastungsbereichen gefahren werden kann.

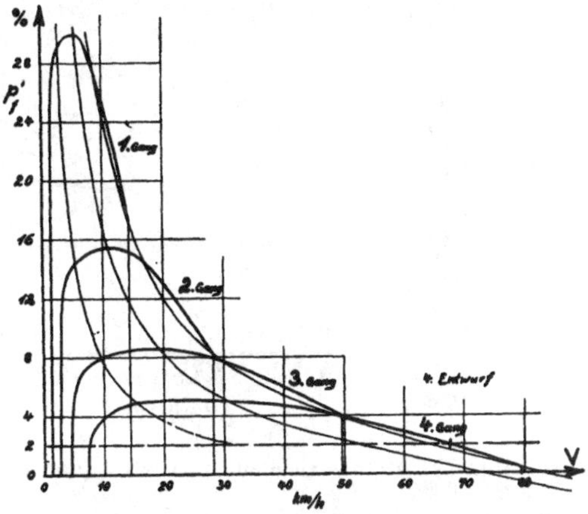

Bild 97. Getriebe-Planungs-Beispiel, 4. Entwurf

Für den 4. Entwurf würde sich die Hinterachsübersetzung ergeben, wenn der 4. Gang der direkte ist, entsprechend Gleichung (128) zu

$$\varphi_h = \frac{6 \cdot \pi \cdot 0{,}75 \cdot 1000}{100 \cdot 30{,}5} = 4{,}64,$$

worin D für die Bereifung „7,50 — 17 extra" zu 2 × 375 mm ≡ 0,75 m eingesetzt ist. Soll dagegen der 3. Gang direkt durchgehen und der 4. als Schnellgang arbeiten, wodurch sich die Getriebeübersetzungsverhältnisse anstatt:

1/1,6/2,82/5,45

ergeben zu

0,625/ 1 /1,76/3,40,

so würde die Hinterachsübersetzung

$$\varphi_h = \frac{6 \cdot \pi \cdot 1000 \cdot 0{,}75}{100 \cdot 19{,}1} = 4{,}64 \cdot \frac{30{,}5}{19{,}1} = 7{,}4\,.$$

Man wird nun den Gang als direkten ausführen, in dem voraussichtlich am häufigsten gefahren wird. Soll der Wagen in der Hauptsache im Stadtverkehr eingesetzt werden, dann bildet man den 4. Gang als Schnellgang aus, wird der Wagen dagegen vorwiegend im Überlandverkehr im Flachland eingesetzt, so wäre der 4. Gang als direkter vorzuziehen.

B. Getriebeübersetzungen und kleinster Kraftstoffverbrauch

a) Bedingungen für das stufenlose Getriebe.

Die Frage nach der zum jeweils niedrigsten Kraftstoffverbrauch gehörenden Übersetzung soll zunächst in Verbindung mit dem stufenlosen Getriebe oder besser ausgedrückt: mit einem Getriebe unendlicher Stufenzahl betrachtet werden. In Bild 98 ist z. B. das Kennlinienbild eines Motors dargestellt. Über der Drehzahl ist der effektive Mitteldruck aufgetragen. Punkte gleichen spezifischen Kraftstoffverbrauches sind durch Kurven verbunden, und eine Schar von Hyperbeln gibt konstante effektive Leistungen an. Werden dann diese konstanten Leistungen in das Normalfahrzustandsdiagramm (NFD) übertragen, so ergibt sich Bild 99.

In beiden Diagrammen ist beispielsweise aus der Kurvenschar gleicher Leistungen die Kurve $N = 70$ PS stärker hervorgehoben. Daraus ergibt sich, daß jeder Punkt auf dieser Kurve im Normalfahrzustandsdiagramm durch jeden beliebigen (auf der Kurve gleicher Leistung liegenden) Betriebspunkt im Motorenkennlinienfeld verwirklicht werden kann. Von Wir-

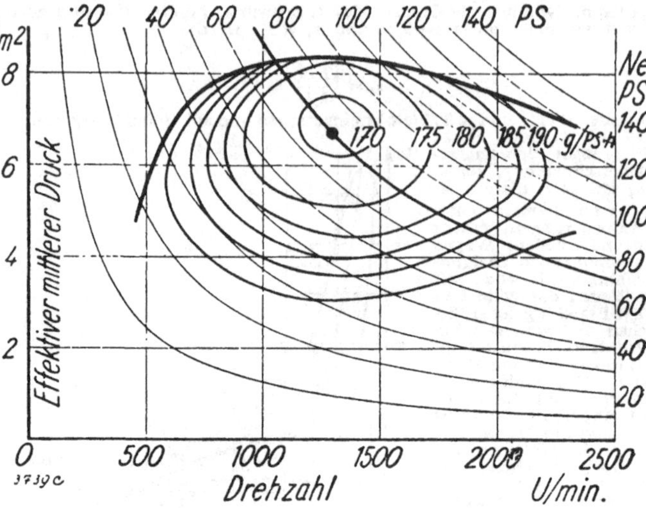

Bild 98. Motorenkennlinienfeld mit Hyperbeln konstanter Leistung

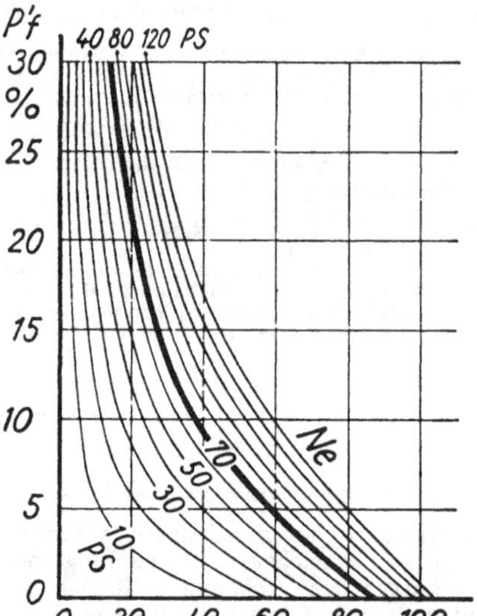

Bild 99. Normalfahrzustandsdiagramm mit eingetragenen Linien konstanter Motorleistung

kungsgradunterschieden im Getriebe in Abhängigkeit von der Übersetzung abgesehen, ist es also dann gleichgültig, ob der Motor bei kleiner Drehzahl und hoher Belastung oder bei hoher Drehzahl und kleiner Belastung seine Leistung abgibt. Da man die Wahl hat, kann man sich auch

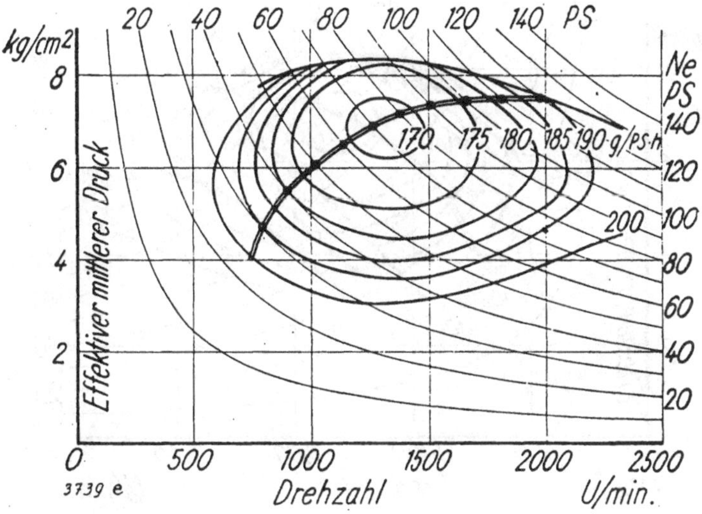

Bild 100. Motorenkennlinienfeld mit eingetragener Bestverbrauchslinie (über der Leistung)

im Motorenkennlinienfeld auf der Linie konstanter Leistung den Punkt geringsten Kraftstoffverbrauches aussuchen; er ist in Bild 98 besonders markiert. Mit Rücksicht auf den niedrigsten Verbrauch liegt also nun für die betrachtete Leistung die Motordrehzahl fest, so daß sich jetzt für jeden Punkt der gleichen Leistungslinie im Normalfahrzustandsdiagramm aus dem Verhältnis der Fahrgeschwindigkeit zur festen Motordrehzahl die günstigste Getriebeübersetzung berechnen läßt. Suchen wir nun für jede Motorleistung im Motorkennlinienfeld den Punkt geringsten Kraftstoffverbrauches, so ergibt sich daraus die in Bild 100 stark eingetragene Kurve. In ihr steigt mit der Leistung die Drehzahl an. Für diesen Motor nach Bild 100 würde sich also für jede konstante Drehzahl über der Leistung ein höherer Verbrauch ergeben als für die Betriebsbestlinie. Deshalb wäre es auch falsch, ihn in Verbindung mit einem stufenlosen Getriebe mit konstanter Drehzahl zu betreiben. Der sparsamste Betrieb ergibt sich also dann, wenn der Motor so geregelt wird, daß er nur auf seiner Bestverbrauchskurve betrieben werden kann und die gewünschten Fahrzustände durch die zugehörigen Übersetzungen eingestellt werden. Umgekehrt müßte für eine Regelung der Übersetzung von Antriebsdrehmoment und Drehzahl ausgegangen werden.

b) Bedingungen für das Stufengetriebe.

Motorencharakteristik und Schaltgrenzen.

Da bei einem Stufengetriebe nur einige Getriebestufen zur Verfügung stehen, kann sich der Betrieb des Motors auch nicht nur auf seine Bestverbrauchslinie beschränken. Zur Überbrückung der Getriebstufen muß daher als Betriebsbereich eine Fläche im Kennlinienfeld herangezogen werden, die auch wieder nach Gesichtspunkten geringsten Kraftstoffverbrauchs auszuwählen wäre. Im Motorenkennlinienfeld (Bild 101) sind außer der mit 100% bezeichneten Bestverbrauchskurve auf jeder Kurve konstanter Leistung die Punkte aufgesucht, die 2, 4 oder 6% über dem Bestverbrauch liegen. Durch die Verbindung dieser Punkte sind die mit

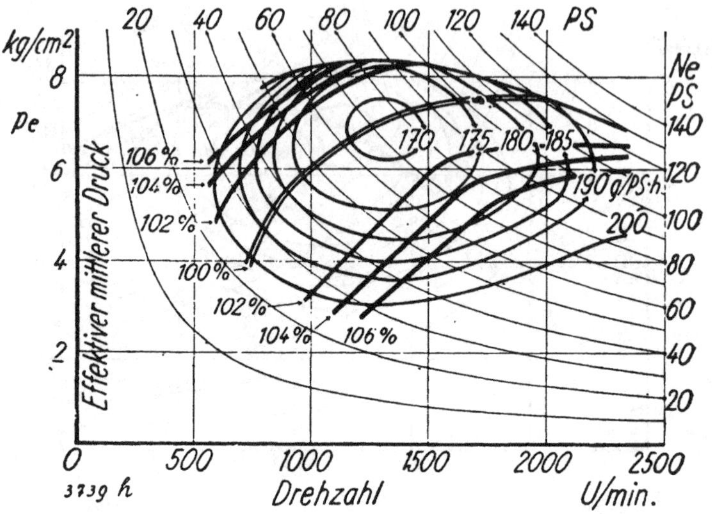

Bild 101. Motorenkennlinienfeld mit Bestverbrauchslinie (100 %) und Mehrverbrauchslinien (102, 104, 106 %)

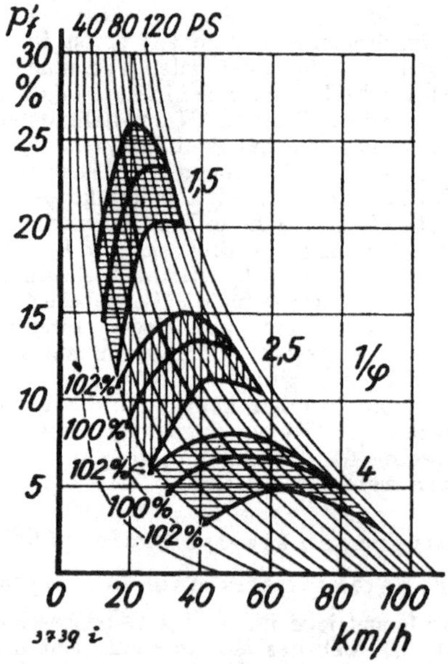

Bild 102. Normalfahrzustandsdiagramm mit eingetragenen Motorenbetriebsbereich geringsten Verbrauches (100 bis 102 %) für verschiedene Übersetzungsstufen

102, 104 und 106% bezeichneten Kurven entstanden, die zu beiden Seiten der Bestverbrauchskurve Betriebsflächen abgrenzen. Werden nun für ein Fahrzeug mit Stufengetriebe für die einzelnen Getriebstufen die Bestverbrauchskurven (100%) sowie die Grenzkurven (z. B. 102%) in das

Normalfahrzustandsdiagramm eingetragen, so ergibt sich ein Bild über die günstigsten Fahrzustandsbereiche (Bild 102). Stellt man nun die Bedingung, daß nur im Bestzustand oder höchstens mit 2% Mehrverbrauch gefahren werden soll, so läßt sich aus dem Normalfahrzustandsdiagramm erkennen, wie dicht die Getriebegangstufen liegen müssen, damit der gesamte Fahrbereich mit 102% Betriebsflächen des Motors abgedeckt werden kann. Nach Bild 102 würden sich dabei entweder für wenige Gänge große Lücken oder für zahlreiche Gangstufen starke Überschneidungen ergeben; beides ist unerwünscht.

Abhilfe ergäbe sich durch Befolgung folgender Bedingung:

Die Motoren sind in der Richtung zu entwickeln, daß in ihrem Kennlinienfeld die Grenzen der Betriebsbereiche, d. h. die Kurven gleichen Mehrverbrauches auf den Linien konstanter Leistung um jeweils konstante Drehzahlverhältnisse voneinander entfernt verlaufen.

Diese Bedingung wird z. B. durch das Kennlinienfeld Bild 103 erfüllt. Wird dann für einen solchen Motor das Normalfahrzustandsdiagramm aufgestellt, so ergibt sich gemäß Bild 104 ein geschlossenes Betriebsgebiet.

Da nun im Normalfahrzustandsdiagramm die Luftwiderstände bereits vorab abgezogen sind, so ist in Bild 105 nochmals ein Fahrdiagramm dargestellt, in dem die gesamten Antriebsdrehmomente über der Drehzahl der Triebachse aufgetragen sind. Die Leistungs- und Übersetzungskurven entsprechen denen in Bild 104. Die Schaltgrenzen dafür (Bild 105) verlaufen geradlinig, müssen aber doch noch durch zwei Betriebszustände, nämlich durch Drehmoment und Drehzahl, gleichzeitig gesteuert werden. Da der Einfluß der Drehzahl aber nur noch verhältnismäßig gering ist, so liegt es nahe, den Motor noch dahingehend weiter zu entwickeln, daß die Bestverbrauchslinie und die Mehrverbrauchslinien gar nicht mehr von der Drehzahl beeinflußt werden, also parallel zur Drehzahlabszisse verlaufen. Damit wäre dann die Steuerung der Gangschaltung nur noch in Abhängigkeit vom Antriebsdrehmoment erforderlich (Bild 106). Anstatt die schräg verlaufenden Best- und Mehrverbrauchskurven (Bild 103) ganz flach auf konstante Drehmomente zu legen, könnte man sie auch ganz steil auf konstante Drehzahlen zu legen versuchen, etwa nach Bild 107. Dadurch würden sich die Schaltgrenzen gemäß Bild 108 bei jeweils konstanten

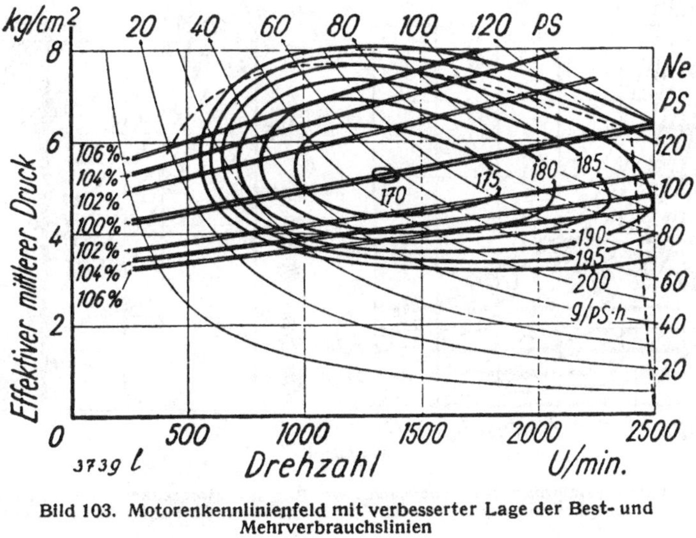

Bild 103. Motorenkennlinienfeld mit verbesserter Lage der Best- und Mehrverbrauchslinien

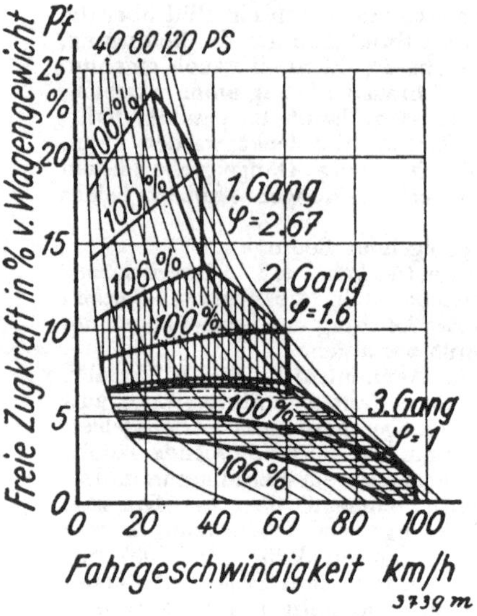

Bild 104.
Normalfahrzustandsdiagramm zu Bild 103

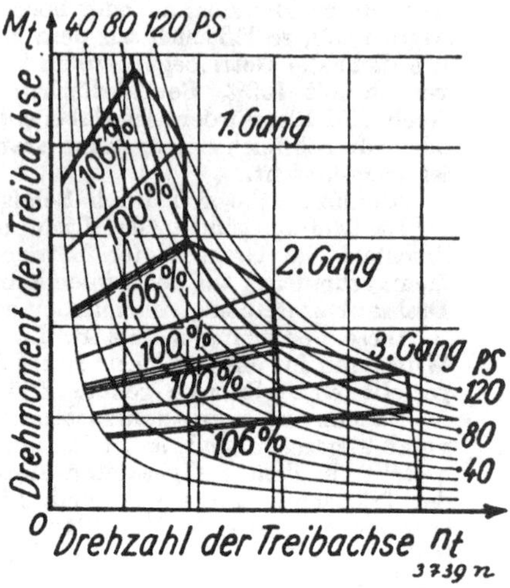

Bild. 105.
Antriebsdiagramm zu Bild 104 und 105

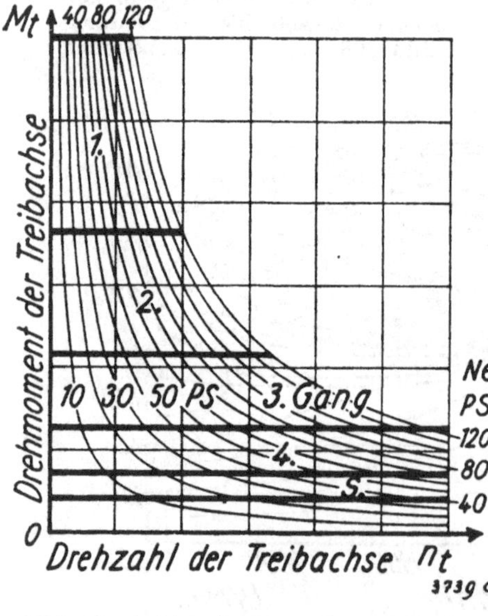

Bild 106. Antriebsdiagramm für ganz flach gelegte Best- und Mehrverbrauchsgeraden

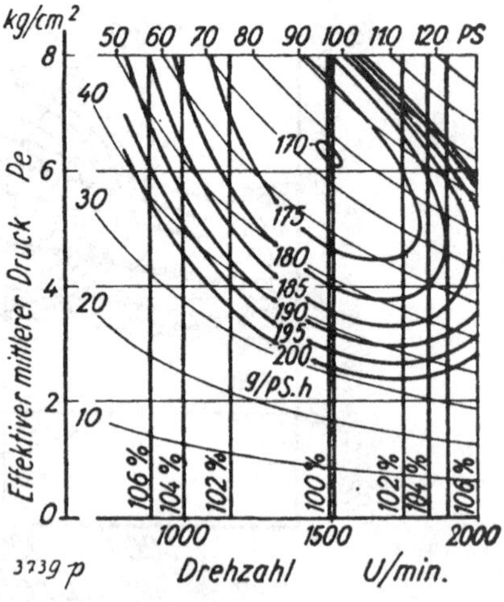

Bild 107. Motorenkennlinienfeld mit senkrecht gelegten Best- und Mehrverbrauchsgeraden

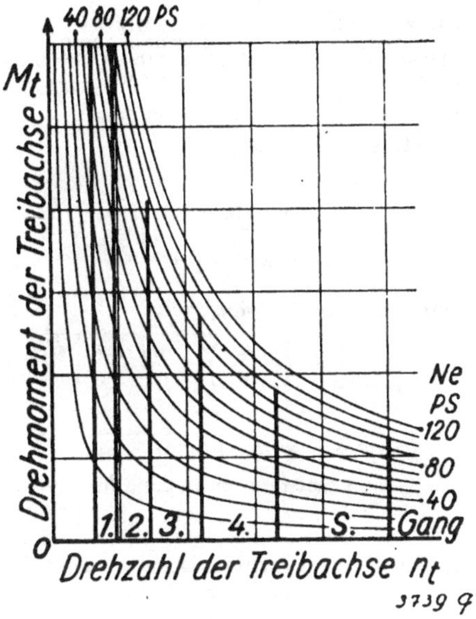

Bild 108. Antriebsdiagramm zu Bild 107

Antriebsdrehzahlen bzw. Fahrgeschwindigkeiten ergeben, so daß die Schaltung nur noch drehzahlabhängig gesteuert zu werden braucht.

Um also die gleichzeitige Regelung nach zwei Betriebszuständen vermeiden zu können, ist anzustreben, die Bestverbrauchskurven sowie die Grenzkurven als gerade Linien entweder in Richtung konstanten Drehmomentes oder in Richtung konstanter Drehzahlen zu entwickeln. Im ersten Falle wäre dann eine automatische Schaltung nur vom Antriebsmoment und im zweiten Fall nur von der Fahrgeschwindigkeit aus zu steuern. Da die Bestverbrauchslinien heutiger Motoren schon ziemlich flach liegen, dürfte die Entwicklung der Best- und Mehrverbrauchslinien in Richtung konstanter Drehmomente der einfachere Weg sein.

Soll die Einführung automatisch schaltender Getriebe sich auf den Kraftstoffverbrauch günstig auswirken, so müssen auch die Motoren in Richtung der oben angeführten Bedingungen fortentwickelt werden, denn nur dadurch wird der volle wirtschaftliche Erfolg der selbsttätigen Stufengetriebe gewährleistet.

C. Getriebeübersetzungen und größte Beschleunigung.

a) Die Übersetzung für größte Beschleunigung im 1. Gang.

Von der Triebachse aus betrachtet steigt das Antriebs-Drehmoment ($= \varphi \cdot M_m$) mit wachsender Übersetzung φ ($= n_{Motor} : n_{Triebachse}$). Die mit zu beschleunigenden rotierenden Motormassen ($\varphi^2 \cdot J_m$) wachsen dagegen in ihrem Trägheitsmoment mit φ^2. Dadurch ergibt sich eine Übersetzung $\varphi_{b\,max}$, für die die Beschleunigung einen Größtwert erreicht, trotzdem das Antriebs-Drehmoment bei gleichförmiger Fahrgeschwindigkeit mit weiter steigendem φ noch immer wachsen würde. Mit den Bezeichnungen

M_m = Motordrehmoment, maximales, über der Drehzahl als konstant angenommenes mittleres.

M_r = Moment der Triebwerks- und Laufradwiderstände auf die Triebachse bezogen. Da der Luftwiderstand beim Anfahren noch vernachlässigt werden kann, ist M_r konstant.

$m_r = M_r . M_m$
J_m = Massenträgheitsmoment (m. kg. sek²) der mit der Kurbelwelle fest gekuppelten rotierenden Massen, auf die Kurbelwelle bezogen.
J_t = Massenträgheitsmoment (m. kg. sek²) der mit der Triebachse festgekuppelten rotierenden Massen, auf die Triebachse bezogen.

$i_r = (r^2 . G/g + J_t) : J_m$ $\left(i_r = \frac{\varphi^2}{\sigma}\right)$ vgl (44a)

ε = Winkelbeschleunigung der Triebachse

wird

$$\varepsilon = \frac{\varphi \cdot M_m - M_r}{\varphi^2 \cdot J_m + J_t + \frac{G}{g} \cdot r^2} \tag{129}$$

woraus sich für ε ein Größtwert ergibt, wenn

$$\varphi_{b\,max} = \frac{M_r}{M_m} + \sqrt{\left(\frac{M_r}{M_m}\right)^2 + \frac{J_t + r^2 \cdot G/g}{J_m}} \tag{130}$$

oder

$$\varphi_{b\,max} = m_r + \sqrt{m_r^2 + i_r} \tag{130a}$$

Die Übersetzung $\varphi_{b\,max}$ liegt meistens so, daß sie für den 1. Gang genommen werden kann.

b. Die Übersetzung für größte Beschleunigung im Zwischengang beim Anfahren.

Wird außer dem 1. z. B. bei einem Dreigang-Getriebe der direkte Gang festgelegt, so ergibt sich für den Zwischengang, also hier den 2. Gang auch eine günstigste Übersetzung für schnellstes Anfahren [128], sie ist

$$\varphi_{zw} = \frac{\varphi_1 \cdot \varphi_d}{\varphi_1 + \varphi_d - m_r} \cdot \left(1 + \sqrt{\frac{(\varphi_1 - m_r) \cdot (\varphi_d - m_r)}{\varphi_1 \cdot \varphi_d}}\right). \tag{131}$$

Darin bedeuten

φ_1 Übersetzung des 1. Ganges ($\varphi_1 = \varphi_{b\,max}$),
φ_d Übersetzung des direkten Ganges,

also die beiden Übersetzungen, zwischen die der anfahrgünstigste Zwischengang gelegt werden soll. Mit den Bezeichnungen

$\alpha = \frac{\varphi_1}{\varphi_d}$ | $\beta = \frac{m_r}{\varphi_d}$ | $\gamma = \frac{\varphi_{zw}}{\varphi_1}$

wird:

$$\gamma = \frac{1 + \sqrt{(1 - \beta) \cdot \left(1 - \frac{\beta}{\alpha}\right)}}{1 + \alpha - \beta}. \tag{131a}$$

Diese γ-Werte sind in Bild 109 über α für verschiedene β dargestellt. Zur Ermittlung einer anfahrgünstigsten Zwischenübersetzung werden für den jeweils vorliegenden Fall die Verhältnisse α und β gebildet, damit aus Bild 109 der γ-Wert abgelesen, der dann, mit φ_1 multipliziert, die gesuchte Zwischenübersetzung φ_{zw} ergibt.

c. Beispiel.

Für das Beispiel von S. 72 sei noch gegeben

J_m = 0,16 m. kg. sek²: J_t = 1,4 m. kg. sek²
$r^2 . G/g = 0{,}375^2 . 3500/9{,}81 = 50{,}1$ m. kg. sek²
$i_r = (1{,}4 + 50{,}1) : 0{,}16 = 322$
$M_r = (1 - \eta_G) . M_m + f . G . r$; M_m = 14 m. kg
$M_r = (1 - 0{,}86) . 14 + 0{,}02 \; 3500 . 0{,}375 = 28{,}2$ m. kg
$m_r = M_r : M_m = 28{,}2 : 14 = 2{,}01$.

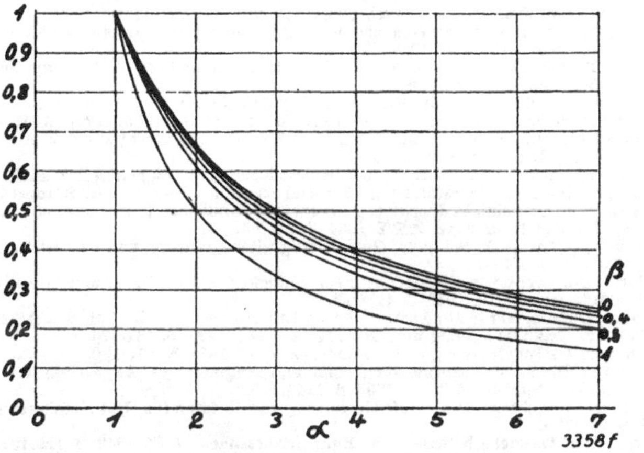

Bild 109. Diagramm zur Berechnung der beschleunigungsgünstigsten Zwischengangübersetzung

Es wird dann $\varphi_{b\max} = 2{,}01 + \sqrt{2{,}01^2 + 322}$; $\varphi_{b\max} = 20{,}1$. Für Entwurf 3 (Tabelle 10) hatte sich für den 1. Gang $\varphi = 3{,}57$ ergeben, bei $\varphi_h = \frac{6 \cdot \pi \cdot 0{,}75 \cdot 1000}{100 \cdot 25} = 5{,}65$, also insgesamt $\varphi_1 = 5{,}65 \cdot 3{,}57 = 20{,}2$. Der 1. Gang des 3. Entwurfes wäre also für das voll beladene Fahrzeug der Gang für maximale Beschleunigung. Soll jetzt z. B. für den 3. Entwurf der anfahrgünstigste Zwischengang für den 1. und 3. Gang berechnet werden, so kann das nach Gleichung (131) geschehen oder unter Verwendung des Nomogrammes Bild 109. Mit

$\alpha = (3{,}57 \cdot 5{,}65) : (1 \cdot 5{,}65) = 3{,}57$ und
$\beta = 2{,}01 : 5{,}65 = 0{,}356$ wird $\gamma = 0{,}42$ und
$\varphi_{zw} = \varphi_1 \cdot \gamma = 3{,}57 \cdot 0{,}42 = 1.5$.

Der 2. Gang des dritten Entwurfes war dagegen mit 1,8 übersetzt. Da es sich bei dem Beispiel um einen Lastwagen handelt, dürfte es auch nicht auf die Erfüllung der Bedingungen für schnellstes Anfahren ankommen. Bei entsprechenden Verhältnissen an einem Sportwagen würde man dagegen den 2. Gang mit 1,5 übersetzen. Falls dabei für Bergfahrten die Lücke zwischen dem 1. und 2. Gang zu groß werden sollte, so könnte man noch einen Gang dort zwischen legen und ebenso für Grenzsteigungen noch einen Gang unter den 1. Für schnellstes Anfahren würde man dann bei diesem so entstandenen 5-Gang-Getriebe mit dem 2. Gang anfahren, und über den 4. Gang als Zwischengang in den direkten 5. Gang gehen.

21. Schrifttumsverzeichnis

Bedeutung der Abkürzungen: ATZ = Automobiltechnische Zeitschrift, Franckh-Verlag, Stuttgart. ZVDI = Zeitschrift des Vereins Deutscher Ingenieure, VDI-Verlag, Berlin NW 7. DKFH ... = Deutsche Kraftfahrtforschung Heft ... VDI-Verlag, Berlin NW 7.

1. A. Jante: Die Leistungsfähigkeit des Kraftverkehrs. ATZ 1941 S. 626/631.
2. A. Jante: Fahreigenschaften und Wirtschaftlichkeit in ihrer Abhängigkeit von Getriebeübersetzung und Vergaserregulierung. ATZ 1932 S. 195/198 und 255/257.
3. B. Wehner: Die Leistungsfähigkeit von Straßen. Volk und Reich Verlag, Berlin 1939.
4. T. E. Schunck: Steigungsstrecken und Lastkraftwagen. ATZ 1941 S. 137/140.
5. P. Langer, H. Straubel: Warum ist das Sägeprofil die motortechnisch und fahrtechnisch günstigste Streckenführung von Automobilstraßen? ATZ 1929 S. 612/614.
6. H. Meyer: Die gesetzlichen Vorschriften des Kraftfahrzeugverkehrs in bildlicher Darstellung. A T Z 1938 S. 269/273.
7. Straßenverkehr; Gesetze und Verordnungen über den Straßenverkehr, die Kraftfahrzeugzulassung und den gewerblichen Kraftwagenverkehr auf Grund der neuesten Verordnungen nach dem Stande vom Februar 1939. Verlag Richard Carl Schmidt & Co., Berlin
8. F. Neesen: Der Einfluß der Geschwindigkeit auf die Gestaltung und Wirtschaftlich kei der Land-, Wasser- und Luftfahrzeuge. Verlag Fischer Jena 1940.
9. W. Müller: Fahrdynamik der Verkehrsmittel. Verlag Springer Berlin 1940.
10. H. Lossagk: Wahrnehmungsvermögen im Kraftfahrzeug-Scheinwerferlicht, ZVDI 1939 S. 1283.
11. H. Lossagk: Sinnestäuschung und Verkehrsunfall. Franckhsche Verlagshandlung Berlin 1937.
12. Mittel zur Verständigung zwischen den Fahrern beim Überholen von Lastkraftwagen. ATZ 1941 S. 326.

13. W. Kamm: Das Kraftfahrzeug. Verlag Jul. Springer, Berlin 1936.
14. W. Kamm, C. Schmidt: Das Versuchs- und Meßwesen auf dem Gebiet des Kraftfahrzeuges. Verlag Jul. Springer, Berlin 1938.
15. C. Schmidt: Die Fahrwiderstände beim Kraftfahrzeug und die Mittel ihrer Verringerung. A T Z 1938 S. 465/477 und 498/510.
16. E. Wintergerst: Die technische Physik des Kraftwagens. Verlag Springer Berlin 1940.
17. W. Kamm: Normung der allgemeinen Begriffe im Kraftfahrbau. ZVDI 1941 S. 586/587.
18. G. Vogelpohl: Die physikalische Natur der Bewegungswiderstände von Eisenbahnfahrzeugen. Z V D I 1935 S. 851/860.
19. W. Kamm: Antrieb und Federung bei neuzeitlichen Kraftwagen. A T Z 1933 S. 110/110.
20. W. Ritter: Der Fahrwiderstand von Kraftfahrzeugen. Diss. T. H. Braunschweig 1932.
21. W. Kamm, C. Schmid, P. Rieckert, L. Huber: Einfluß der Reichsautobahn auf die Gestaltung der Kraftfahrzeuge. A T Z 1934 S. 34/354.
22. W. Kamm, L. Huber, P. Schmidt: Geschwindigkeitsbegrenzung und Fahrleistungsaufwand. A T Z 1939 S. 493/497.
23. H. Hahn: Die Begrenzung der Höchstgeschwindigkeit auf 100 km/h und ihre Rückwirkung auf den Autobau. A T Z 1939 S. 441/446.
24. O. Lutz: Grundlagen für Modellversuche an Fahrzeugen. A T Z 1934 S. 211/212.
25. K. Kühner: Geländefahrzeug und Gelände. Z V D I 1937 S. 161/170.
26. K. Kühner: Geländefahrzeug und Gelände. Z V D I 1937 S. 161/170.
27. K. Kühner: Die Leistungsbemessung beim Fahrzeugmotor — Anpassung des Triebwerks an den Geländebetrieb. Z V D I 1938 S. 1143/1152.
28. K. Kühner: Gesichtspunkte für die Gestaltung von Motoren für Geländefahrzeuge. Z V D I 1939 S. 293/306.
29. E. Frey: Der Wendehalbmesser von Raupenfahrzeugen. ATZ 1942 S. 129/131.
30. K. Kühner: Einige Gestaltungsgrundsätze schnellfahrender Gleiskettenfahrzeuge. ZVDI 1940 S. 170.
31. G. Beck: Maßnahmen zur Steigerung der Geländegängigkeit bei Sonderfahrzeugen. Das Wenden mit Gleiskettenfahrzeugen. A T Z 1939 S. 413/419.
32. E. Drucker: Die Leistungsverluste von Fahrzeugmotoren. A T Z 1935 S. 361/364.
33. K. Kutzbach: Reibung und Abnutzung von Zahnrädern. Z V D I 1926 S. 999/1003.
34. H. Frhr. v. Thüngen: Leistungsverzweigung und Scheinleistung in Getrieben. Z V D I 1939 S. 730/473.
35. H. Kluge, W. Weis: Wirkungsgrade von Zahnrad- und Kettenwechselgetrieben für Motorrader. Deutsche Kraftfahrtforschung Heft 10.
36. H. Kluge, H. Böllinger: Wirkungsgradmessungen an Zahnradwechselgetrieben. A T Z 1934 S. 3/8.
37. E. Heidebrock, W. Peppler: Untersuchungen über die Quetschölverdrängung und ihre Auswirkung bei Zahnradgetrieben. Kraftfahrtechnische Forschungsarbeiten Heft 2 S. 1/5.
38. E. Heidebrock: Untersuchung über die Quetschölverdrängung und Tauschschmierung bei Zahnradgetrieben, Kraftfahrtechnische Forschungsarbeiten Heft 7.
39. H. Kluge, E. Haas: Rollwiderstand von Luftreifen. DKFH 26.
40. W. Brunner: Erwärmung der Reifen von Personenkraftwagen bei hohen Fahrgeschwindigkeiten. DKFH 2.
41. Klemperer: Luftwiderstandsuntersuchungen an Automobilmodellen. Z. f. Flugtechnik und Motorluftschiffahrt 1922 S. 201.
42. P. Jaray: Grundlagen für die Berechnung des Leistungsaufwandes von Kraftwagen mit besonderer Berücksichtigung der Stromlinienkarosserie. A T Z 1934 S. 86/92.
43. P. Jaray: Zur Aerodynamik der Rennwagen. A T Z 1935 S. 118/122.
44. P. Jaray: Bremskräfte beim Stromlinienwagen. A T Z 1935 S. 431/432.
45. St. Fischer: Berechnungsdaten auf Grund von Betriebserfahrungen mit Jaray-Stromlinienwagen. A T Z 1935 S. 8/11.
46. M. Schirmer: Praktische Strömungsforschung an Kraftfahrzeugen. A T Z 1935 S. 176/181.
47. R. Koenig-Fachsenfeld: Windkanalmessungen an Modellen von Kleinwagen. A T Z 1935 S. 331/336.
48. C. Schmidt: Luftwiderstand von Kraftfahrzeugen, Modellversuch und Wirklichkeit. A T Z 1936 S. 425/435.
49. C. Schmidt: Luftwiderstand an Kraftfahrzeugen, Versuche am Fahrzeug und Modell. Deutsche Kraftfahrtforschung Heft 1.
50. W. Kamm: Luftwiderstandsmessungen und Strömungsuntersuchungen am 2,5-1-Adlerwagen. A T Z 1939 S 447/449.
51. R. Koenig-Fachsenfeld: Strömungsuntersuchungen an einem 2,5-1-Adler-Sportwagen. A T Z 1939 S. 449/450.
52. L. Huber, E. Sawatzki: Luftwiderstand von Krafträdern. DKFH 18.
53. E. Sawatzki: Einfluß der Luftkräfte auf die Fahrtrichtungshaltung des Kraftfahrzeugs. A T Z 1939 S. 515/522.
54. E. Sawatzki: Die Luftkräfte und ihre Momente am Kraftwagen. DKFH 50.
55. E. Sawatzki, W. Weiß: Die Übertragbarkeit der Kraftfahrzeug-Modellversuche im Windkanal auf die Großausführung. ATZ 1941 S. 581/586.
56. W. Weiß, E. Sawatzki: Nachprüfung der Luftwiderstandsmessungen an Fahrzeugmodellen. DKFH 66.
57. H. Martin: Druckverteilung in der Berührungsfläche zwischen Reifen und Fahrbahn. Kraftfahrtechnische Forschungsarbeiten Heft 2 S. 6/14.
58. H. Martin: Druckverteilung in der Berührungsfläche zwischen Reifen und Fahrbahn. A T Z 1936 S. 230/232.
59. R. Schenk: Fahrbahnreibung und Schlüpfrigkeit der Straßen im Kraftwagenverkehr. Verlag M. Krayn, Berlin.
60. G. Weil: Über die Reibungswerte zwischen Rad und Fahrbahn. Diss. T. H. Stuttgart 1934.

61. R. Schuster, P. Weichsler: Der Kraftschluß zwischen Rad und Fahrbahn. A T Z 1935 S. 499/504.
62. P. Koeßler, H. Klaue: Der Kraftschluß zwischen Rad und Fahrbahn. A T Z 1937 S. 224/229.
63. C. Schmidt: Der Kraftschluß zwischen Reifen und Fahrbahn. A T Z 1938 S. 392/398.
64. E. A. Wedemeyer: Reifenabnützung bei Mehrachsantrieb. ATZ 1939 S. 6/8.
65. E. A. Wedemeyer: Reifenprofilgeheimnisse. ATZ 1940 S. 429 /435.
66. E. A. Wedemeyer: Der Wendekreis. ATZ 1940 S. 36/39.
67. B. Förster: Der Einfluß der Bereifung auf die Seitenstabilität des Kraftfahrzeuges. ATZ 1942 S. 145.
68. H. P. Zoeppritz: Reifen und Reifendruck. ATZ 1942 S. 353/359.
73. P. Zanke: Wechselwirkung zwischen Reifen und Fahrbahn beim Bremsen. ATZ 1939 S. 619/623.
74. G. Leunig: Grundsätzliche Möglichkeiten einer Bremswegverkürzung bei Kraftwagen und ihre Grenzen. ZVDI 1941 S. 277/285.
75. W. Kamm, L. Huber: Untersuchungen über die Steigfähigkeit von Fahrzeugen. A T Z 1935 S. 253/259.
76. P. Strohäcker: Die Steigfähigkeit bei Hinterachs- und Allradantrieb. ATZ 1941 S. 539/540.
77. P. Strohhäcker: Einfluß der Zugkraft auf die Reibungsgrenze der Triebachsen bei Straßenschleppern. A T Z 1938 S. 180/181.
78. P. Strohäcker: Hinterachsantrieb oder Allradantrieb für Schwerlast-Straßenschlepper. ATZ 1942 S. 360/366.
84. F. Ostwald: Bremsregler für Fahrzeuge. ZVDI 1941 S. 542/543 und 1943 S. 112.
85. St. v. Szenasy: Neuer Bremsregler. A T Z 1936 S. 415/416.
86. E. Marquard: Kraftwagenbremsen. ZVDI 1936 S. 901/908.
87. Rieckert: Die Wirkungsweise einer Anhängerauflaufbremse. A T Z 1934 S. 304/306.
88. H. Dietz: Die Berechnung von Backenbremsen. Z D V I 1937 S. 1437/1442.
89. R. Mertz: Graphische Bremsuntersuchung. A T Z 1939 S. 303/306.
90. H. Lindemann: Innenbackenbremsen. A T Z 1939 S. 469/481.
91. P. Langer: H. Baum, H. Faust, H. Hahn: Bremsprüfungen an Kraftfahrzeugen. Kraftfahrtechnische Forschungsarbeiten Heft 10.
92. H. Klaue: Bremswerkuntersuchungen am Kraftfahrzeug. DKFH 13.
93. R. Schuster, P. Weichsler: Der Bremsvorgang. A T Z 1936 S. 221/226.
94. G. Wanner: Leistung und Alterung der Bremsen bei Personenkraftwagen. A T Z 1939 S. 422/423.
95. St. Sztatecsny: Kürzere Bremswege durch Erhöhung des Luftwiderstandes. A T Z 1936 S. 382/386.
96. E. Wedemeyer: Der Bremsweg. A T Z 1936 S. 451/452.
97. G. Müller: Die Bremswirkung der Kraftfahrzeuge. Diss. T. H. München 1933.
98. Wa. Ostwald: Signalschwierigkeiten bei hoher Fahrgeschwindigkeit. A T Z 1939 S. 23.
99. P. Koeßler, H. Strien: Verschleißwert und Verschleißgrößen von Bremsbelägen. ATZ. 1941 S. 452/453.
100. W. Büchle, J. Busch: Prüfung und Bewertung von Bremsbelagsreibstoffen. ATZ 1942 S. 119/128 und 284.
101. R. Mertz: Beitrag zur graphischen Bremsuntersuchung. ATZ 1041 S. 557/559.
102. P. Koeßler: Beurteilung von Bremsbelägen. ATZ 1940. S. 297/301.
103. G. Niemann: Bremsbeläge und Bremstrommeln: Stand der Forschung. ZVDI 1942 S. 199/205.
104. Wa. Ostwald: Die Schrecksekunde. ATZ 1931 S. 471/472.
105. A. Jante: Neues über die Schrecksekunde. A A Z 1931 Nr. 49.
106. A. Jante: Muß man beim Bremsen auskuppeln? A T Z 1935 S. 69/70.
107. H. Lossagk: Sinnestäuschung und Verkehrsunfall. Franckhsche Verlagshandlung, Berlin 1937.
108. H. Lossagk: Wahrnehmungsvermögen im Kraftfahrzeug-Scheinwerferlicht. ZVDI 1939 S. 1283.
109. Mittel zur Verständigung zwischen den Fahrern beim Überholen von Lastkraftwagen. ATZ 1941 S. 326.
110. E. Gehrcke: Neue Erscheinungen der physiologischen Optik. Zeitschr. für techn. Physik 1940 S. 292/295.
111. E. Lau: Abstandssignale. Z. f. techn. Phys. 1940 S. 296/298.
112. O. Dietz, R. Harling: Die Fahrlage des Kraftwagens in der Kurve. DKFH 44.
113. L. Huber: Die Fahrtrichtungsstabilität des schnellfahrenden Kraftwagens. DKFH. 44.
114. G. Goldbeck: Die Begrenzung der Kurvengeschwindigkeit des Kraftwagens durch die Schleuder- und Kippgefahr. Z V D I 1939 S. 383/384.
115. O. Dietz: Pendelerscheinungen an Straßen-Anhängerzügen. DKFH 16.
116. O. Dietz: Über das Spuren und Pendeln von Lastkraftwagenanhängern. A T Z 1939 S. 427/429.
117. E. Wedemeyer: Einachsanhänger. A T Z 1939 S. 12/14.
118. W. Schaar: Das Spuren der Anhängefahrzeuge. A T Z 1938 S. 599/606.
119. Fey: Die Bahnen der Kraftwagen und Kraftwagenzüge. Diss. T. H. München 1921.
120. W. Koenig: Prüfung von Kraftfahrzeuglenkungen auf ihre Unabhängigkeit von der Federung. A T Z 1937 S. 377/382.
121. H. Schuboth: Beitrag zur Systematik der Kraftfahrzeuglenkung. A T Z 1939 S. 559/570.
122. Meineke: Über den Wendekreisdurchmesser dreiachziger Straßenfahrzeuge. A T Z 1937 S. 365.
123. L. Örley: Übergangsbogen bei Straßenkrümmungen. Volk und Reich Verlag Berlin 1937 (Z V D I 1938 S. 1438/39).
124. H. Oestrich: Der Einfluß des Zustandes der Außenluft auf die Leistung von Verbrennungsmotoren. A T Z 1933 S. 226/70.

125. E. Marquard: Zylinderzahl, Schwungradgröße, und Beschleunigungsvermögen von Viertaktmotoren für Personenwagen. A T Z 1934 S. 491/494.
126. A. Jante: Der Normal-Anfahrvorgang. ATZ 1940 S. 226/231.
127. A. Jante: Sonder-Anfahrvorgänge. ATZ 1940 S. 247/250.
128. A. Jante: Das Anfahren über mehrere Übersetzungsstufen. ATZ 1940 S. 270/275.
129. P. Strohhäcker: Ausgleich-Übersetzungsgetriebe für mehrachsgetriebene Kraftfahrzeuge. A T Z 1938 S. 607/609.
130. A. Jante: Zur Mechanik des Differentials. A T Z 1942. S. 5/11 und 32/38.
131. P. Weichsler: Treibstoffverbrauchsmessungen auf der Straße und am Prüfstand. ATZ 1939 S. 609/616 und 1940 S. 2.
132. P. Langer, E. Marquard: Beschleunigungsmessungen an Kraftfahrzeugmotoren. A T Z 1933 S. 452/456.
133. C. Schmidt: Die versuchsmäßige Ermittlung der Fahrleistungen von Kraftfahrzeugen. N K Z 1933 Nr. 26 S. 314/315 und Nr. 27 S. 326/328.
134. A. Jante: Das Ausgleichsgetriebe beim Gespann mit Seitenwagenantrieb. ATZ 1942 S. 215/216
135. P. Ernst: Witterung und Verbrennungsmotor. A T Z 1933 S. 325/327.
136. E. Frey: Einfluß des Barometerstandes, der Ansaugelufttemperatur und der Luftfeuchtigkeit auf die Leistung von Brennkraftmaschinen. A T Z 1938 S. 193/194.
137. W. Fadinger: Einfluß der Höhe auf den Kraftstoffverbrauch. ATZ 1941 S. 632.
138. F. Lauer, L. Richter: Einfluß der Höhe auf den Kraftstoffverbrauch. ATZ 1941 S. 129.
139. L. Richter: Der Verbrennungsmotor als Bremse. A T Z 1937 S. 325/329.
140. J. Zeman: Die natürlichen Kennlinien von Vergasermotoren. A T Z 1935 S. 426/428.
141. H. Meyer: Praktische Berechnungstafeln für die Ermittlung der tatsächlichen Leistungsfähigkeit von Kraftfahrzeugen. A T Z 1935 S. 268/271.
142. L. Richter, J. Zeman: Belastung, Fahrgeschwindigkeit und Brennstoffverbrauch. A T Z 1935 S. 327/330.
143. L. Richter, R. Vetiska: Straßensteigung und Brennstoffverbrauch. A T Z 1937 S. 88/92.
144. A. Jante: Über die zweckmäßige Darstellung von Kennlinien-Schaubildern für Fahrzeugmotoren und Kraftfahrzeuge. A T Z 1936 S. 326/328.
145. A. Jante: „Fahrzustandsdiagramme", Bericht für die Technische Auswertungskommission der Standard-30-Tage-Fahrt.
146. A. Jante: Graphisches Verfahren zur Darstellung und Bewertung von Fahreigenschaften A T Z 1933 S. 327/333.
147. A. Jante: Darstellung und Wertung der Fahrfähigkeiten und die Verfahren zur Fahrplanung. A T Z 1936 S. 151/155 und S. 176/183.
148. E. Drucker: Zur Frage des günstigsten Kennlinienverlaufes bei Vergasermotoren. A T Z 1935 S. 525/528.
149. P. Rieckert, H. Ernst: Untersuchungen an Fahrzeugdieselmotoren. DKFH 4.
150. R. Eberan v. Eberhorst: Ein Fahrleistungsschaubild für alle Kraftfahrzeuge. ATZ 1941 S. 471/473.
151. Ungenannt: Ein vollautomatisches Stufengetriebe. A T Z 1939 S. 464/465.
152. B. Eckert: Das Kraftfahrzeug-Wechselgetriebe. Aufgaben und Grundlagen der Auslegung. ATZ 1941 S. 225/239.
153. B. Eckert: Bauliche Gestaltung von Kraftfahrzeuggetrieben. ATZ 1941 S. 342/345 und 362/366 und 381/385 und 407/410.
154. A. Maier: Konstruktion und Entwicklung der Kraftfahrzeug-Stufengetriebe. ATZ 1941 S. 417/428 (vgl. 1942 S. 529/530).
155. A. Jante: Stand, Wertung und Planung der Getriebeübersetzungsverhältnisse. A T Z 1935 S. 347/353.
156. A. Jante: Spezifische Schnellaufzahlen. A T Z 1939 S. 441/446.
157. A. Jante: Fahreigenschaften und Wirtschaftlichkeit in ihrer Abhängigkeit von Getriebeübersetzung und Vergaserregulierung. A T Z 1932 S. 195/198 und S. 255/257.
158. A. Jante: Welche Bedingungen stellt der geringste Krafstoffverbrauch an Motorencharakteristik, Getriebestufen und Schaltgrenzen. ATZ 1942 S. 281/284.
159. A. Jante: Das Anfahren über mehrere Übersetzungsstufen. ATZ 1940 S. 270/275.
160. Ein neues Hochleistungs-Ausgleichsgetriebe. ATZ 1931 S. 665/666.
161. E. Lehr, R. Schulz: Dynamische Dehnungsmessungen an einer Lastwagenhinterachse. ATZ 1942 S. 461/470.
162. H. Klaue: Scheibenbremsen für Kraftfahrzeuge. ATZ 1942 S. 501/503 u. 617.
163. W. Vorwig: Genormte Fahrzeuggewichte. ATZ 1942 S. 526/529.
164. E. A. Wedemeyer: Geländefähigkeit von Kraftfahrzeugen. ATZ 1942 S. 554/558.
165. A. Jante: Drehmomenten-Verteilung für Gespanne mit angetriebenem Seitenwagenrad. A T Z 1943 S. 183/186.

Für weitere Fragen des Lesers sei hingewiesen auf den „Schrifttumnachweis Kraftverkehrstechnik" Berlin NW 7 Ingenieurhaus.

FSC
www.fsc.org
MIX
Papier | Fördert
gute Waldnutzung
FSC® C083411

Kolibri 360 GmbH
Ferdinand-Jühlke-Straße 7
99095 Erfurt, Deutschland
produktsicherheit@kolibri360.de